备孕精选家常菜

李宁——编著
北京协和医院营养科副教授
全国妇联项目专家组成员

中国轻工业出版社

图书在版编目（CIP）数据

备孕精选家常菜 / 李宁编著. —北京：中国轻工业出版社，2024.11
ISBN 978-7-5184-3662-0

Ⅰ.①备… Ⅱ.①李… Ⅲ.①孕妇－妇幼保健－食谱 Ⅳ.①TS972.164

中国版本图书馆 CIP 数据核字（2021）第 185282 号

责任编辑：付　佳　　责任终审：高惠京　　设计制作：悦然生活
策划编辑：翟　燕　付　佳　　责任校对：宋绿叶　　责任监印：张京华

出版发行：中国轻工业出版社（北京鲁谷东街 5 号，邮编：100040）
印　　刷：北京博海升彩色印刷有限公司
经　　销：各地新华书店
版　　次：2024 年 11 月第 1 版第 3 次印刷
开　　本：710×1000　1/16　印张：12
字　　数：200 千字
书　　号：ISBN 978-7-5184-3662-0　定价：49.80 元
邮购电话：010-85119873
发行电话：010-85119832　010-85119912
网　　址：http://www.chlip.com.cn
Email：club@chlip.com.cn

241916S3C103ZBW

前　言

怀孕生宝宝是人生的一个重要节点，特别是现在的夫妻，工作都比较忙，想优生优育要提前规划。一般来说，最好提前半年就开始备孕，了解优生的基础知识如营养、疾病、环境等，这些能帮助夫妻双方在备孕期有意识地避开各种不利因素，成功受孕。

当然，受孕是一个特殊的生理过程，对于正常的健康夫妻来说，一般不主张刻意采取什么手段来干扰这个自然的过程。但是，了解相关基本常识不仅有助于提高受孕的成功率，还对自身和宝宝的健康有很大帮助。因此，良好的孕前准备可以为胎宝宝的降临提供优质的孕育环境，尤其是每天都离不开的饮食。

为什么说备孕期间夫妻的饮食非常重要呢？因为健康合理的饮食不仅有助于提高卵子和精子的质量，还能帮助提高受孕的成功率，为胎儿提供良好的生活环境和物质基础。

大部分人备孕期最关注的是怎么吃以及不能吃什么。本书精选了常见的对夫妻备孕有帮助的食材，并对其营养成分加以介绍，同时分享了多道营养可口的美食，让你更了解食材，轻松做好饭。

在现实生活中，具体的备孕计划需要根据个人的身体状况、工作和所处的环境来决定，我们由此针对不同情况的女性和男性准备了不同的家常菜。最后，还特别介绍了用各种厨房小家电巧做美食，让做饭更省心、省事。

相信通过阅读本书，能帮助备孕夫妻吃对吃好，把身体调养到最佳状态，为即将到来的宝宝营造一个良好的孕育环境。

目录

备孕期需要注意的四个关键点

第一章 5 节微课 备孕吃好更健康，好孕不再难

第二章 备孕夫妻 提升孕力家常菜

第三章 备孕女性 特殊护理家常菜

第四章 备孕男性 特殊护理家常菜

5 第五章 厨房小家电 快手做美味

备孕期需要注意的四个关键点

1 控体重 提高受孕率

合理的体重对提高受孕率是很重要的。身体结实、营养充足的准父母，提供高质量的精子和卵子的概率就大，也会让孕育过程更顺利。

女性若过瘦，体内的雌激素分泌会出现异常，很有可能导致不孕；若过于肥胖，在怀孕阶段则可能出现妊娠期糖尿病和妊娠期高血压。

一般来说，通常使用体质指数（BMI）来评估备孕女性的营养状况，根据孕前 BMI 值来确定孕期体重增长范围。

体质指数（BMI）= 体重（千克）÷ 身高的平方（米^2）

怀孕前 BMI	体形
＜18.5	偏瘦
18.5～23.9	标准
24～27.9	超重
≥28	肥胖

备孕小贴士

何时备孕最合适

按照优生优育的生育原则，想要宝宝的夫妻最好提前半年开始备孕，力求让最健康、最有活力的精子和卵子在天时地利人和的情况下结合，让孕育的宝宝充分体现父母两人在容貌、智慧、个性、健康等方面的优良基因。

2 防疾病 安心备孕

健康的身体对生育的重要性不言而喻，因此，备孕期间一定要预防并控制影响生育的疾病，如贫血、高血压、甲状腺疾病等。这些疾病不仅会影响怀孕，怀孕后也会加重原有疾病，所以建议按医生要求控制原有疾病后再配合饮食调理安心怀孕。

疾病对生育的危害

高血压：患有高血压疾病的女性怀孕后高血压症状可能会加重，也容易引发早产、流产及胎儿发育迟缓等。如果准备怀孕，应在医生指导下用药，控制血压，并尽量减少药物对胎儿产生的不良反应。

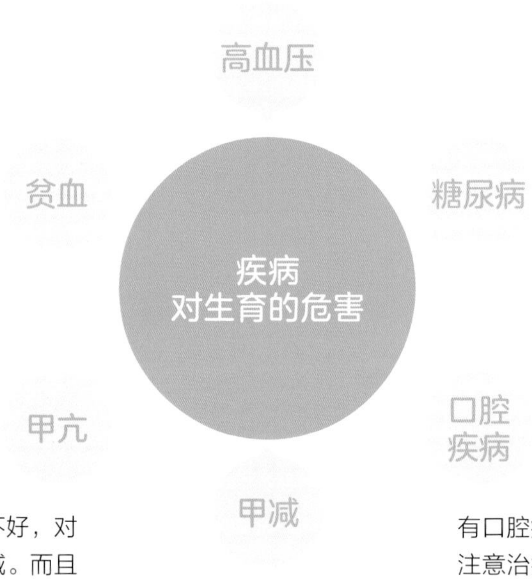

糖尿病：糖尿病不仅会影响女性受孕，而且妊娠前和妊娠早期，高血糖还会导致流产、胎儿畸形等问题。备孕期要密切监测血糖，在糖尿病得到良好控制3个月之后再怀孕。

贫血：长期严重贫血，有可能影响男性激素的分泌，女性可能会出现月经异常，即使怀孕，胎儿缺血缺氧，也会影响生长发育。备孕期可在医生指导下服用铁剂等进行治疗。

甲亢：孕期甲亢如果控制不好，对胎儿的危害大于甲减。而且孕期甲亢的控制和治疗难度也大于甲减。孕早期使用抗甲状腺药物有对胎儿致畸的可能。所以患有甲亢的备孕女性一定要在医生指导下控制病情后再怀孕。

甲减：甲减会加大胎儿流产、早产的风险，影响胎儿正常发育。如计划怀孕，需要在医生指导下采用合适的治疗方法，使甲状腺激素水平恢复正常。

口腔疾病：有口腔疾病的女性怀孕前要注意治疗，否则备孕期可能会影响进食，进而出现营养不良，且怀孕后原有口腔隐患或疾病可能会加重，导致孕妈妈身体不适，甚至影响胎儿的健康，增加流产和早产的风险。

3 补营养 提升孕力

备孕夫妻要提前做好准备，为身体补充营养，多吃一些对备孕有益的食物，如蛋白质、钙、铁、叶酸、膳食纤维等丰富的食物，为“好孕”做准备。

营养素对备孕的重要作用

蛋白质

蛋白质不仅可以增强女性自身免疫，提高身体抗病能力，而且它还是胎儿大脑发育必不可少的营养素，是胎儿生命的基础物质，可促进胎儿生长发育。优质蛋白质主要来自瘦肉、蛋、奶、大豆及其制品等。

叶酸

备孕期间叶酸是非常重要的，它可以预防胎儿神经管畸形（胎儿大脑和脊椎的严重畸形），降低排卵障碍型不孕的发生。叶酸主要来自深色蔬果、动物肝脏、豆类等。每日还应补充适量叶酸片。

钙

钙摄入量不足，胎儿就会跟母体争抢，导致孕妈妈血钙降低，诱发小腿抽筋，严重时出现骨质疏松、骨质软化，还容易增加妊娠期高血压的危险。钙主要来自牛奶、酸奶、海米、虾、大豆及其制品等。

锌

锌摄入量不足，对男女生殖系统健康都不利。缺锌会导致男性性激素分泌减少，影响精子的生长和成熟。对女性来说，缺锌会导致妊娠反应加重，还可能导致产程延长、流产，也会导致宫内胎儿发育迟缓，出现早产儿、低出生体重儿。锌主要来自牛肉、牡蛎、坚果种子等。

维生素 E

维生素 E 学名叫生育酚，有助于增加精子的生成和受孕力。维生素 E 主要来自植物油、坚果种子、小麦胚芽等。

膳食纤维

膳食纤维能使人产生饱腹感，还能促进肠胃蠕动，预防和缓解便秘。膳食纤维主要来自全谷物、豆类和新鲜蔬果等。

铁

铁摄入量不足，备孕女性可能会发生缺铁性贫血。贫血容易造成受孕力下降，怀孕后自身及胎儿养料和养分供应不足。孕妈妈严重贫血，胎儿出现早产、死产的概率高于正常孕妇。铁主要来自动物肝脏、动物血、瘦肉、木耳、海带、紫菜、芝麻等。

碘

碘摄入量不足，会影响甲状腺功能，不利于备孕，还会对胎儿、新生儿产生不良影响。胎儿期如果缺碘，会导致大脑发育不全，可能引起克汀病（呆小症），而这种损害通常是无法逆转的。碘主要来自海带、紫菜、碘盐等。

4 要忌口 戒烟酒

孕前 3 个月要戒酒

经常酗酒的夫妻怀孕后，自然流产、早产、胎儿发育不良、畸胎、死胎、死产的发生率明显高于正常人。父母严重酗酒，出生的婴儿先天智力发育也会受影响。

酒精是生殖细胞的毒害因子。酒精中毒的卵细胞仍可与精子结合而形成畸胎。想要避免宝宝出现智力低下、四肢短小、低体重、面貌丑等先天缺陷，就必须保证拥有健康的卵细胞，才考虑受孕。一般来说，酒精代谢物在戒酒后 2~3 天基本排泄完，但一个卵细胞的成熟至少要 3 个月。因此，准备怀孕的女性至少应该戒酒 3 个月再怀孕。

孕前 3 个月要戒烟

烟草中含有一氧化碳、尼古丁、氰化物、硫化物、苯等有害物质，不仅可以使染色体发生变化，还能通过吸烟者的血液进入生殖系统。

男性如果每天吸烟超过 30 支，其畸形精子比例会超过 20%，而精子的存活率却只有 40%。大量吸烟还会导致男性性欲下降甚至出现阳痿。

相较不吸烟的女性来说，吸烟的女性更难怀上宝宝。即使怀上了宝宝，对宝宝也会产生不利影响。如果在妊娠期，女性吸烟或被动吸烟，不仅会影响胎儿发育，还会增加流产、死产、新生儿体重过轻、畸形儿的概率。

因此，准备怀孕的夫妻至少要戒烟 3 个月以上，才能保证将体内残存的有害物质排出体外。此外，还要防止二手烟对身体的伤害。

第一章

5 节微课 备孕吃好更健康，好孕不再难

第1节课
做好营养储备，养好体质

怎样才能有一个健康的宝宝呢？在怀孕前，夫妻双方都要加强营养，这样可以提供健康、优良的精子和卵子，为胎儿的形成和孕育提供良好的物质基础。第一步，当然是要补对营养素，夫妻双方只有根据自己的情况，有选择地安排好一日三餐，并注意营养均衡，让双方体内储存充足的营养，身体健康、精力充沛，才能为优生优育做足准备。下面就让我们了解一下备孕期间的重要营养素有哪些。

蛋白质

构成人体细胞的重要成分

常见食材蛋白质含量

食材	蛋白质含量
黄豆	35.0克
草鱼	16.6克
鸡蛋	13.3克
猪肉	13.2克
牛奶	3.0克

每100克可食用部分

功效

蛋白质是孕妇及胎儿细胞、组织、器官结构的主要物质，是备孕最重要的营养素，也是构成人体细胞的重要成分。

摄入过多的危害 摄入过多，容易破坏体内营养的均衡，对肝、肾带来较大负担，不利于受孕。

摄入过少的危害 摄入过少，会导致消瘦、体弱无力、免疫力低下，甚至怀孕困难。即使怀孕，胎儿也容易出现发育迟缓。

每日建议摄取量 55克。

摄取来源 大豆及其制品、蛋类、瘦畜肉、去皮禽肉、鱼、虾、奶及奶制品。

注意事项 血脂异常或血糖高的女性，需要控制肉、蛋的量，可以通过食用脱脂牛奶、大豆及其制品来补充优质蛋白质。

叶酸

预防胎儿
神经管缺陷

功效
预防神经管不闭合导致脊柱裂和无脑畸形的发生。

摄入过多的危害 长期大剂量口服叶酸，可能会影响锌的吸收，从而导致锌缺失，使胎儿发育迟缓，低出生体重发生风险增加。

摄入过少的危害 摄入过少，可能增加胎儿神经管畸形的发生，也可能引起胎膜早破、早产等。

每日建议摄取量 400～600 微克。

摄取来源 叶酸制剂、绿叶蔬菜、动物肝脏、蛋黄等。

注意事项 叶酸为水溶性维生素，在体内存留时间短，因此必须每天服用，不能漏服。而且不仅女性需要补充叶酸，男性也需要，以降低胎儿出现染色体缺陷的概率。

常见食材叶酸含量

食材	叶酸含量
猪肝	425.1 微克
牛肝	290.0 微克
菠菜	116.7 微克
油菜	103.9 微克
北豆腐	39.8 微克

每 100 克可食用部分

※ 专家提醒 ※

备孕时就要吃叶酸制剂

叶酸的补充最好从孕前 3～6 个月就开始，特别是叶酸缺乏的女性，若是等到怀孕后再服用，对预防神经管畸形就起不到很好的作用。所以，准备怀孕的女性需服用叶酸制剂。

维生素 C

促进胎儿发育，
预防贫血

功效
具有抗氧化作用，促进铁质吸收，预防贫血。

摄入过多的危害 摄取过多，可能会出现恶心、呕吐、腹痛、腹泻等，还可导致泌尿系统结石。

摄入过少的危害 摄取过少，容易引起牙龈萎缩、出血。

每日建议摄取量 100 毫克。

摄取来源 新鲜蔬果。

注意事项 维生素 C 比较怕热，高温长时间加热损失较为严重，在烹调时尽量少煎炸，新鲜蔬果最好凉拌、快炒。

常见食材维生素 C 含量

食材	维生素 C 含量
鲜枣	243 毫克
猕猴桃	62 毫克
柿子椒	62 毫克
苦瓜	56 毫克
草莓	47 毫克

每 100 克可食用部分

维生素 E

生育的催化剂

功效

被称为“生育酚”，能增加男性精子的活力和数量，提高生育能力。

摄入过多的危害 摄入过多，轻则会出现腹泻、头晕、恶心，重则会引起荨麻疹等。

摄入过少的危害 维生素 E 缺乏较少见，身体缺乏容易引发溶血性贫血，还可能导致生殖障碍。

每日建议摄取量 14 毫克。

摄取来源 葵花子油、坚果、豆类、全谷类、鸡蛋等。

注意事项 大多数人可以从饮食中摄取充足的维生素 E，无须额外补充。

常见食材维生素 E 含量

食材	维生素 E 含量
大豆油	93.08 毫克
葵花子油	54.60 毫克
玉米油	50.94 毫克
黑芝麻	50.40 毫克
核桃	41.17 毫克

每 100 克可食用部分

铁

预防和纠正贫血

功效

铁是血红蛋白的组成成分，维持正常造血功能；帮助把氧气和营养物质运送给全身各细胞。

摄入过多的危害 慢性铁中毒可能会出现红细胞生成增加、肝纤维化等。

摄入过少的危害 摄入不足，会导致贫血，免疫力下降。

每日建议摄取量 男性 12 毫克，女性 20 毫克。

摄取来源 猪肝、动物血、红肉等。

注意事项 吃富含铁的食物时不要喝浓茶或咖啡。因为茶、咖啡中含有大量鞣酸，能与铁生成不溶性的沉淀，妨碍铁吸收。

常见食材铁含量

食材	铁含量
干木耳	97.4 毫克
干紫菜	54.9 毫克
芝麻酱	50.3 毫克
鸭血	35.7 毫克
猪肝	22.6 毫克

每 100 克可食用部分

锌

维持生殖系统健康

功效

维持生殖系统健康，促进精子的生成和发育；促进胎儿神经系统健康发育，预防先天畸形。

摄入过多的危害 可能导致锌中毒，出现恶心、呕吐、腹痛等症状。

摄入过少的危害 摄入不足会严重影响食欲，导致妊娠反应加重，还有可能导致宫内胎儿发育迟缓。

每日建议摄取量 女性每日宜摄入 7.5 毫克，男性宜摄入 12.5 毫克。

摄取来源 锌主要存在于海产品、瘦肉中，比如牡蛎、牛肉、紫菜、芝麻、花生等含有丰富的锌。

注意事项 锌、铁、钙尽量不同时服用，以免影响彼此的消化吸收。

常见食材锌含量

食材	锌含量
牡蛎	9.39 毫克
牛肉	4.73 毫克
海米	3.82 毫克
蛋黄	3.79 毫克
泥鳅	2.76 毫克
鳝鱼	2.5 毫克

每 100 克可食用部分

碘

参与甲状腺激素的合成

功效

参与甲状腺激素的合成，促进身体的生长发育；维持机体正常能量代谢；促进神经系统发育。

摄入过多的危害 摄入过多，可能造成甲状腺肿大。

摄入过少的危害 摄入不足，会影响胎儿或婴幼儿脑部发育，导致其智力低下、体格矮小等，还可能导致女性怀孕后出现流产、早产和死产。

每日建议摄取量 120 微克。

摄取来源 海带、紫菜、海参、海鱼、虾、碘盐等。

注意事项 碘盐应密封保存，炒菜快出锅时再放盐，以免碘损失过多。此外，日常饮食中，除了食用碘盐，每周食用 1～2 次富含碘的食物。

常见食材碘含量

食材	碘含量
干海带	36240 微克
裙带菜	15878 微克
紫菜	4323 微克
贻贝	346.0 微克
海米	264.5 微克

每 100 克可食用部分

第 2 节课
合理饮食，科学管理体重

从生育角度看，肥胖或消瘦都不利于生育，因此合理饮食、科学管理体重非常重要。

肥胖往往伴随代谢紊乱、胰岛素抵抗、血脂异常、脂肪肝等。实际上肥胖大多是营养素摄入失衡，好像吃得很多，其实多种微量营养素摄入不足，这种情况会影响顺利受孕，也会增加孕期贫血、妊娠期糖尿病、妊娠期高血压等妊娠并发症的风险。

俗话说“贫瘠的土壤难长出好庄稼”，同理，瘦弱的妈妈也比较难孕育出健康的宝宝，而且孕前瘦弱的女性容易生出低体重儿和早产儿。所以，夫妻备孕时应积极地管理体重，特别是女性。

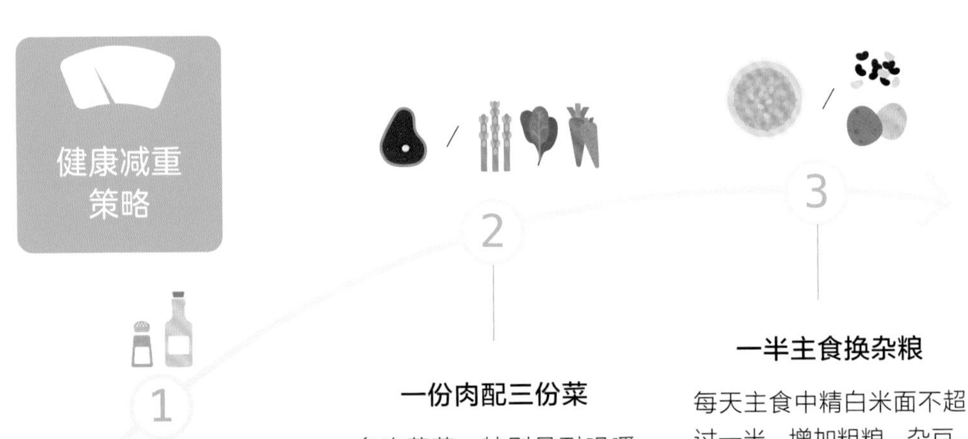

少油少盐

每天烹调油摄入量控制在 25～30 克为宜，盐控制在 5 克以内，远离煎炸食品。

一份肉配三份菜

多吃蔬菜，特别是耐咀嚼的蔬菜，吃肉时优选鱼肉、去皮鸡肉、牛瘦肉、猪瘦肉。三餐之外用水果和奶类当零食。

一半主食换杂粮

每天主食中精白米面不超过一半，增加粗粮、杂豆、薯类。而且主食建议原味烹饪，不加油、盐、糖。

补充营养
增强肌肉力量

1

如果家里人大多身材偏瘦，说明可能有不易长胖的遗传基因，属于遗传性瘦体形。只要体重在正常范围内、精力充沛、不爱生病，不用刻意增重。可以在饮食中适当增加富含优质蛋白质的食物，去健身房做增肌锻炼，让身体的肌肉更紧实，以利于孕育宝宝。

2

对于饮食正常但是从小骨骼纤细、肌肉薄弱、体力差的女性来说，以增肌为主要目标进行增重。

3

如果是因为疲劳、工作压力导致的瘦弱，首先要放松身心，安静休养。同时要注意三餐均衡，不能饥一顿饱一顿。也可以去医院营养科让营养师帮助调理。

4

有一类女性是因为自身消化吸收不良导致的瘦弱，建议先去医院检查，找出问题根源， 改善吸收功能。平时饮食要规律、细嚼慢咽，少食生冷、粗硬、油腻的食物。

5

适当运动，如散步、游泳等有助于增加肌肉和控制体重，还能帮助保持愉快的心情，对将来胎宝宝的健康发育也十分有益。

备孕小贴士

健康增重饮食

- 增加蛋白质丰富的鱼、肉、蛋类食物，尤其要保证摄入充足的优质蛋白质。
- 适当增加主食量，如平时一小碗米饭的主食量，可以再多吃一小块红薯。
- 两餐间加点坚果、奶制品当零食。
- 可以选瘦肉粥、鸡蛋汤、全麦面包等易消化的食物作为夜宵。

第 3 节课
低 GI 和低 GL 有助于控血糖

备孕期间有血糖升高情况的女性一定要注意控血糖，长期高血糖会对孕妈妈及胎儿产生不利影响，容易引起流产、早产、畸胎、巨大儿等。所以多数医生建议至少在血糖控制良好 3 个月之后再怀孕。

有很多女性并没有糖尿病，而在怀孕时才出现高血糖的现象，达到一定标准后就是妊娠期糖尿病。多数妊娠期糖尿病患者通常没有明显的多饮、多尿、多食的“三多”症状，有的可能会有生殖系统念珠菌感染反复发作。因此，备孕期在饮食上要多注意，避免食用会导致血糖大幅波动的食物。

想知道哪些食物会导致血糖飙升，可以查看食物血糖生成指数（GI），数值低的通常不会导致血糖激增。所以，我们要挑选低 GI 食物。

选择低 GI 和低 GL 的食物

选择低血糖生成指数（GI）食物 → 血糖生成指数的高低与食物在人体中的消化、吸收和代谢有关，低 GI 食物在胃肠停留时间长，葡萄糖进入血液后峰值低，下降速度慢。血糖高的女性在备孕期应该尽量选择低 GI 食物，如荞麦、绿叶蔬菜等。

选择低血糖负荷（GL）食物 → 血糖负荷是在受试者用等量碳水化合物的条件下测定的，指食物所含碳水化合物的量（一般以克为计量单位）与其血糖生成指数的乘积，备孕期宜选低 GL 食物。

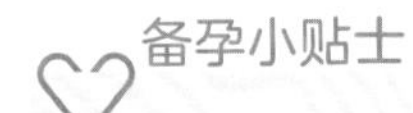

GL 换算公式

- GL=GI× 食物碳水化合物含量（克）/100
- $GL \geq 20$，为高 GL 食物，表示对血糖影响很大；$10 \leq GL < 20$，为中 GL 食物，表示对血糖影响不大；$GL < 10$，为低 GL 食物，表示对血糖影响很小。

“高低搭配”降 GI

备孕期间要多吃低 GI 食物，但并不是说高 GI 食物绝对不能吃。做饭时如能注意“高低搭配”的原则，同样能做出健康美味的膳食。所谓“高低搭配”，即将高 GI 食物与低 GI 食物搭配，制成 GI 适中的膳食，有利于减轻胰岛细胞负荷，能有效控制和稳定血糖。

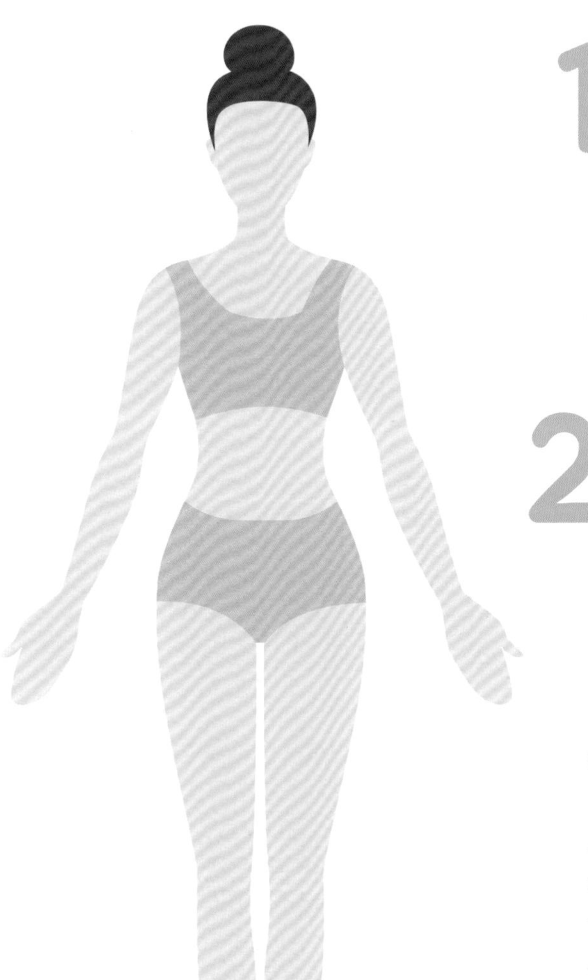

1 米面配豆类

比如大米的 GI 偏高，但干豆类 GI 低，可将二者混合制成绿豆饭、红豆饭或黄豆饭。白面 GI 高，可与 GI 低的玉米面、荞麦面混合制成发糕或窝头，以达到降低 GI 的目的。

2 馒头配蔬菜

馒头 GI 较高，然而馒头和蔬菜搭配食用，要比单吃馒头时的 GI 低得多。如早餐，几片馒头搭配一盘凉拌黄瓜就是不错的选择。

专家提醒

药物控糖首选胰岛素

孕前如果单纯饮食控制不能使血糖达标，就得进行药物治疗了。妊娠期间可供临床使用的降糖药有两大类：一类是胰岛素，另一类是口服降糖药。胰岛素是目前公认的妊娠期首选降糖药。而妊娠期口服降糖药对母亲和胎儿的安全性和有效性一直存在较大争议。虽然近年来不断有研究证实其安全性和有效性，但我国尚缺乏相关研究，因此胰岛素仍是首选。

第 4 节课 不同疾病，这样吃更放心

贫血

贫血的女性在备孕时就要注意调理。贫血是指全身循环血液中血红蛋白总量减少至正常标准值以下。一般女性的血红蛋白标准为 110~150 克 / 升，孕妇外周血红蛋白量低于 110 克 / 升即为贫血。缺铁性贫血是妊娠期最常见的贫血，如果孕前不改变铁缺乏状态，在妊娠各期均可对母体和胎儿造成危害。因此，建议遵医嘱服用铁剂，同时辅以食疗，解决贫血问题之后再怀孕。

1 富含铁且吸收率高的食物补铁效果佳

动物肝脏、动物血、各种畜肉等是铁的最佳来源，不仅铁含量比较高，在人体的吸收利用率也高于其他食物。此外，一些含铁量比较高的植物性食物也可以作为补铁的选择，如黄豆、小米、桑葚、黑芝麻、木耳等。

2 补铁搭配维生素 C，可以促进铁吸收

维生素 C 可以帮助铁吸收，改善贫血症状。维生素 C 多存在于新鲜蔬果中，如橙子、猕猴桃、樱桃、西蓝花、小白菜中均含有丰富的维生素 C。平时可以在进食高铁食物时搭配吃富含维生素C的蔬果，以促进铁吸收。

3 叶酸能促进血红蛋白生成

新鲜蔬果中的铁含量较低，但是蔬果中的叶酸可以促进人体生成血红蛋白。贫血的女性可以多吃富含叶酸的蔬果，如菠菜、南瓜、油菜、柚子等，以增加造血能力，缓解贫血症状。

4 摄入优质蛋白质有利于补血

蛋白质是合成血红蛋白的原料，应注意从膳食中补充优质蛋白质，如瘦肉、蛋类、大豆及其制品等。这些食物对预防贫血有良好效果，但要注意荤素搭配，以免过量食用油腻食物伤脾胃。

高血压

在未使用降压药物的情况下，非同日 3 次测量收缩压≥ 140 毫米汞柱和（或）舒张压≥ 90 毫米汞柱即可诊断为高血压病。孕前患有高血压的女性怀孕后高血压症状多会加重，特别是高龄孕妈妈。主要表现为血压升高、蛋白尿、水肿、全身多脏器损害，严重者可出现抽搐、昏迷等，严重影响母胎健康。所以在孕前就应将血压控制在正常范围内。备孕女性可以告诉医生自己打算怀孕，医生会相应进行药物调整。在日常饮食中，备孕夫妻也可以通过以下几点控制血压。

1 少盐少糖，平稳血压

研究证实，过多摄入盐是引起血压升高的一个主要诱因，建议有高血压风险者食盐摄入量最好控制在每日 5 克以下。摄入含糖量过高的食物，会让血糖浓度升高，这种状态如长期存在，会导致血脂异常，增加血管硬化程度，使血管外周阻力升高而引起高血压。平时烹调时要少加糖，如果喜欢用糖调味，要严格控制用量，每天添加糖的摄入量不超过 50 克。

2 多吃蔬果，低脂饮食

医学研究发现，体内脂肪量增加，会使肾脏排除钠的能力降低，从而降低对自身血压的控制。可以说，肥胖和高血压是一对“好兄弟”，常常形影不离。因此在饮食中要低脂，多吃蔬果，少吃加工食品，戒烟酒。

3 摄入优质蛋白质

近年来研究表明，适量摄入优质蛋白质可改善血管弹性和通透性，增加尿钠排出，从而调节血压。但高血压合并肾功能不全时，应限制蛋白质的摄入。饮食中可以多吃些含优质蛋白质的食物，如瘦畜肉、去皮禽肉、鱼虾、大豆及其制品等。

血脂异常

患有血脂异常的女性孕前需要做详细的产前检查，如肝功能、体质指数评价等，医生会根据检查结果指导患者饮食和运动。

经过治疗和调理后，可在医生指导下备孕。另外，有血脂异常病史的女性在产检时应和医生沟通，必要时检测血脂情况。日常生活中饮食控制也很关键，尽量避免高脂饮食。

1 适当增加膳食纤维的摄入

膳食纤维能减少胆固醇的吸收，起到降血脂的作用。简单方法是日常饮食中增加绿色蔬菜的比例。

2 注意摄入充足的优质蛋白质

摄入充足的优质蛋白质有利于调节血脂。牛奶、鸡蛋、瘦畜肉、去皮禽肉、鱼虾、大豆及其制品都是良好的优质蛋白质来源，但考虑到动物性食物通常脂肪含量也较高，因此建议血脂异常患者植物蛋白的摄入量占总蛋白摄入的一半或更多。

甲状腺功能异常

甲状腺功能异常的女性怀孕概率比正常女性低。现在有很多治疗甲状腺功能异常的方法都很有效，包括药物和手术等。如果能及时诊断、有效治疗，使得各项指标达标之后，甲状腺功能异常的女性也可以正常怀孕。

患有甲亢的女性代谢率增高，热量消耗增多，如果营养补充不及时，长期处于营养不良的状态，对自身健康和备孕都不利，所以甲亢女性首先需要控制病情再备孕，同时保证营养的充足和均衡，但是要注意不要吃含碘高的食物。

1 宜食富含优质蛋白质的食物

患有甲亢的女性通常伴有消瘦、肌肉萎缩等症状，需要额外补充蛋白质，以满足机体因代谢亢进而引起的消耗。富含优质蛋白质的食物有瘦畜肉、去皮禽肉、大豆及其制品、奶及奶制品等。

2 增加铁、钙、锌和维生素 C 的摄入

甲亢患者代谢快、消耗大，肠蠕动增加，排尿增加，维生素 C 等水溶性维生素的消耗量明显增多，很容易导致缺乏。同时，铁、钙、锌等矿物质也很容易因代谢旺盛排出体外而造成缺乏。因此，要多选用富含以上营养素的食物。

3 忌食含碘高的食物

碘是甲状腺激素的主要合成原料，甲亢患者如果再摄入过多的碘，会加重病情，还会影响治疗甲亢药物的疗效。所以，对于患有甲亢的女性来说，含碘极高的海带、紫菜、海杂鱼、贝类等食物应禁食，以免碘摄入过量对病情不利。

4 避免刺激性食物

避免大量食用刺激性食物如生葱、大蒜、辣椒等，这些食物会使身体代谢更加亢进。很多患有甲亢的女性会有心率过快等症状，因此还应避免饮用提神饮料、酒、浓咖啡和浓茶等。

患有甲减（缺碘引起）的女性体内甲状腺激素低于正常水平，而碘是甲状腺合成甲状腺激素的必需元素，所以，除了服用必要的碘制剂之外，日常饮食中要用碘盐，还应增加富含碘的食物。此外，有些甲减，如桥本甲状腺炎，可能与碘摄入过量有关，则需要限制高碘食物。

1 多吃海产品

海产品通常含碘丰富，甲减的女性甲状腺激素不足，多吃海参、虾、牡蛎、海带、紫菜等富含碘的海产品有助于补碘。

2 供给足量的蛋白质和铁

在蛋白质摄入不足时，甲状腺功能有低下趋势，供应充足的蛋白质和热量，能改善甲状腺功能。充足的蛋白质还有助于缓解甲减容易出现的怕冷、低体温等。另外，甲减患者易发生贫血，因此适当补充富含铁的食物，有助于预防和改善贫血。

3 宜选择温补食品

甲减的女性怕冷、喜热、乏力，适宜选择温补类食品。肉类中羊肉、牛肉等性温，适宜甲减的女性在冬季食用。蔬菜中韭菜可以温阳健脾，甲减的女性宜多食。

专家提醒

备孕期要查铅、排铅

在备孕期间，要注意排铅，因为女性体内含铅过量会影响备孕和胎儿健康。同样，男性体内血铅含量超标也会影响胎儿健康，因为铅对精子有致畸作用。特别是从事石油行业、冶金行业、蓄电池行业等易引发铅中毒的高危人群，更应该积极查血铅，这样才能为孕育健康的宝宝多提供一份保障。

第 5 节课
掌握烹饪技巧，营养又美味

减少脂肪、促进消化

肉类放入沸水中稍煮，能使肉中不可见的脂肪分解出来，从而减少脂肪摄入量。

电烤 包裹锡纸，减少水分流失

用锡纸包裹烘烤肉类，可保证肉质鲜嫩、水分不流失。但用炭火烤因受热不均，会导致烧烤过度而烤焦肉类，这样会产生大量致癌物质，且高温烧烤的时间越长，致癌物质越多。因此，吃烧烤类食物最好用电烤箱或微波炉来烹制，尽量少食用炭火烧烤的食物。

蒸 保留营养

与水煮比起来，蒸可保留更多的食物营养成分。蒸时务必盖好锅盖，这样可减少营养成分氧化，味道也更好。

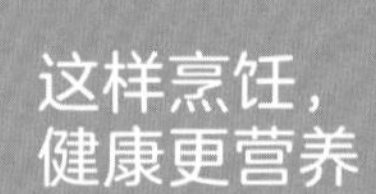

大火快炒 保留营养

用油烹饪方式中，炒是能较多保留营养素的一种方法。使用较少的油，待油烧热后下锅，尽量减少食物在锅中停留的时间，能减少营养损失。

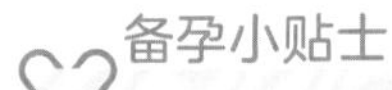

在家吃饭，享受亲情助备孕

在家进餐，不仅营养丰富、干净卫生，还能享受亲情，让吃饭变成一件快乐的事，是一件非常值得鼓励的事。所以为了健康备孕，最好减少在外就餐，投入时间和精力学习烹调技能，自己购买安全的食物原料，制作健康而均衡的餐食。

第二章

备孕夫妻

提升孕力家常菜

韭菜 补肾固精

韭菜含有丰富的膳食纤维、维生素 C、胡萝卜素、钙等营养成分。它不仅能促进食欲，所含的维生素 C 还能增强精子活力和质量，尤其适合备育男性食用。此外，韭菜中所含的膳食纤维可促进肠胃蠕动，有助于防治便秘及肥胖。

注：本书食谱为 1 人份。

韭菜炒鸡蛋 增强精子活力

材料 韭菜150克，鸡蛋1个。

调料 盐适量。

做法

1 韭菜择洗干净，沥水，切段，放入大碗内，磕入鸡蛋液，放盐搅匀。

2 锅置火上，放油烧热，倒入韭菜鸡蛋液炒熟即可。

功效 韭菜含有膳食纤维和多种维生素，和鸡蛋混炒，营养丰富还好吃。可以辅助防治便秘和肥胖，还能增强免疫力及精子活力。

素炒三丝　　促便清热

材料　韭菜150克，干粉条50克，绿豆芽50克。

调料　姜丝、盐、生抽各3克。

做法

1 韭菜择洗干净，切段；粉条用温水泡软，捞起；绿豆芽洗净备用。
2 锅置火上，放油烧热，爆香姜丝，放粉条、生抽翻炒片刻。
3 加入韭菜段、绿豆芽和盐，炒至断生即可。

功效　韭菜、粉条和绿豆芽一起食用，有促便清热作用，适合患有口腔溃疡的备孕女性食用。

韭菜炒豆干　　补充优质蛋白质

材料　韭菜200克，豆腐干100克。

调料　盐2克，生抽3克，香油少许。

做法

1 韭菜择洗干净，去根切段；豆腐干洗净，切细条。
2 锅置火上，放油烧热，下豆腐干条煸炒，加生抽、盐、韭菜段炒至断生，点香油即可。

功效　这道菜营养丰富，且富含蛋白质、膳食纤维和钙，能促进肠胃蠕动，补充优质蛋白质和钙。

大白菜 润肠排毒

大白菜含有维生素 C、胡萝卜素、钙、膳食纤维等多种营养素。其中膳食纤维能润肠通便、帮助消化，可减少粪便在体内的存留时间，减少体内毒素堆积；而维生素 C 有护肤养颜、保护血管的作用，有助于备孕期的身体排毒。

白菜包 减脂控糖

材料 大白菜200克，鸡胸肉80克，胡萝卜、水发木耳各100克，鸡蛋清1个。

调料 葱末、姜末、盐、香油各4克，胡椒粉2克，葱叶适量。

做法

1 鸡胸肉洗净，切丁；胡萝卜洗净，切丁；水发木耳洗净，切碎。

2 将鸡丁、木耳碎、胡萝卜丁放入搅拌机搅成泥状，加葱末、姜末、胡椒粉、盐、香油、鸡蛋清拌至上劲，即为馅。

3 大白菜取整片焯水，焯熟后平铺晾干，包上馅，用葱叶捆好，上锅蒸熟即可。

功效 白菜包营养丰富，低卡高蛋白，有助于备孕期减脂控糖。

木耳炒白菜

控糖减脂

材料 大白菜200克，干木耳5克。

调料 盐、白糖各2克，生抽10克，水淀粉5克。

做法

1 大白菜洗净，切片；木耳泡发后，撕成小朵，洗净。

2 锅内倒油烧至六成热，放入大白菜片煸炒至发蔫，放入木耳煸炒。

3 放入生抽和白糖，翻炒至八成熟，放入盐，略炒两下，用水淀粉欠芡即可。

功效 大白菜和木耳均是高纤、低脂食物，二者搭配能帮助润肠通便、控糖减脂。

白菜粉丝汤

清热利尿

材料 大白菜100克，粉丝30克。

调料 葱末5克，盐2克，香油少许。

做法

1 大白菜择取叶子，洗净，切丝；粉丝剪成10厘米长的段，洗净，用温水泡软。

2 锅置火上，倒油烧热，煸炒葱末至出香味，加入大白菜丝稍翻炒。

3 倒入足量水、粉丝，大火煮开，加盐调味，淋香油即可。

功效 大白菜含有丰富的膳食纤维。这道汤有清热利尿的作用，还有助于消肿。

白萝卜 润燥止咳

白萝卜含丰富的维生素 C、膳食纤维，有很好的润燥止咳功效，适宜便秘、高血压、肥胖的备孕男女食用。生白萝卜有刺激性，且易产气，所以脾胃虚寒者不宜多食，尤其不宜空腹食用。

萝卜烧牛肉 稳定血压

材料 牛肉150克，白萝卜、胡萝卜各150克，熟栗子80克。

调料 盐3克，葱段、姜片、酱油、料酒各5克。

做法

1. 白萝卜和胡萝卜洗净，去皮，切块；牛肉洗净，切块；熟栗子去壳、去皮。
2. 牛肉块放入凉水锅中煮至七成熟，捞出。
3. 锅烧热放油，将葱段、姜片爆香，放牛肉块、沸水、酱油、料酒，用大火烧开，放入白萝卜块、胡萝卜块煮软，加熟栗子、盐，稍煮收汁即可。

萝卜羊肉蒸饺 补肾益精

材料 面粉250克，白萝卜200克，羊肉120克。

调料 葱末10克，花椒水30克，生抽、胡椒粉、盐各少许，香油适量。

做法

1 白萝卜洗净，切丝，焯烫后过凉，挤干，加生抽拌匀。

2 羊肉洗净，剁泥，加生抽、花椒水、盐、胡椒粉，顺时针搅拌成糊，加白萝卜丝、葱末、香油拌匀制成馅料。

3 面粉加适量热水搅匀，揉成烫面面团，搓条，下剂，擀成饺子皮，包入馅料，捏紧成饺子生坯。

4 饺子生坯放入蒸笼中，大火蒸熟即可。

萝卜羊排汤 增强抗病力

材料 羊排200克，白萝卜150克。

调料 盐3克，姜片、葱段各10克，料酒15克，葱末少许。

做法

1 羊排洗净，剁成大块，沸水焯烫，捞出，冲净备用；白萝卜去皮洗净，切厚片。

2 煲锅中倒适量清水，放羊排块、葱段、姜片、料酒，大火煮沸后转小火炖1小时，加白萝卜片继续炖煮约30分钟，撒葱末，加盐调味即可。

功效 羊肉能暖身祛寒，白萝卜中含丰富的维生素C，搭配食用有助于增强抗病力。

番茄 抗氧化，提高精子活力

番茄含有番茄红素、维生素 C、有机酸等。番茄红素有助于提高精子活力和浓度，维生素 C 有润泽肌肤、防晒、抗氧化的效果。此外，番茄中的有机酸还能促进食欲、帮助消化。

凉拌番茄 调脂，控糖

材料 番茄250克，洋葱、黄瓜各50克，熟花生米20克。

调料 香菜段、蒜末各10克，盐2克。

做法

1 番茄洗净，切片；洋葱洗净，切条；黄瓜洗净，切片。

2 将番茄片、洋葱条、黄瓜片、香菜段、熟花生米装盘，倒入蒜末和盐，拌匀即可。

功效 番茄属于低糖、低脂、低热量食物，搭配洋葱、黄瓜食用，营养互补，适合备孕期血糖高的人群食用，还能美容养颜。

番茄沙拉 开胃促食

材料 番茄250克，鸡蛋1个。

调料 橄榄油5克，白糖、盐、醋各3克。

做法

1 鸡蛋冷水下锅，水开后煮5分钟，捞出去壳，切块；番茄洗净，切块。

2 鸡蛋块和番茄块加入橄榄油、盐、白糖、醋，搅拌均匀即可。

功效 番茄含的番茄红素能帮助提高精子活力和浓度，所含有机酸还有开胃促食的作用。

番茄玉米芦笋汤 抗氧化，控血压

材料 玉米粒150克，番茄100克，芦笋50克，枸杞子10克，鸡蛋1个。

调料 盐、香油、高汤各适量。

做法

1 玉米粒洗净；番茄洗净，去蒂，切块；芦笋洗净后切段；枸杞子洗净；鸡蛋取蛋清打匀。

2 锅置火上，放入高汤，倒入玉米粒、芦笋段煮沸，转中小火煮5分钟，放入番茄块、枸杞子烧开，加入鸡蛋清搅匀，加盐，淋入香油即可。

功效 玉米和番茄均含抗氧化的胡萝卜素、维生素C。搭配做汤，少油少盐，可帮助备孕男女控制血压。

菠菜 补叶酸，促代谢

菠菜含叶酸、胡萝卜素、维生素 C、钙、磷、铁等，对备孕期缺铁性贫血女性有益，还能促进人体新陈代谢。此外，菠菜中大量的膳食纤维可以延缓血糖上升，刺激肠胃蠕动，帮助排便。

花生拌菠菜 补叶酸

材料 菠菜250克，熟花生米50克。

调料 姜末、蒜末、盐、醋各3克，香油少许。

做法

1 菠菜洗净，焯熟捞出，过凉，切段。

2 将菠菜段、花生米、姜末、蒜末、盐、醋、香油拌匀即可。

功效 花生富含维生素E、烟酸，与富含叶酸的菠菜搭配，可以为备孕女性补充丰富的叶酸，降低出生缺陷和预防心脑血管疾病发生的风险。

菠菜炒鸡蛋

控血糖，防便秘

材料 菠菜250克，鸡蛋1个。

调料 盐、蒜末各适量。

做法

1 菠菜择洗干净，用沸水焯烫，捞出，沥干，切段；鸡蛋打散。

2 锅内倒入适量油，待油七成热时倒入打好的鸡蛋液，炒好盛出。

3 锅内加入蒜末爆香，倒入菠菜段翻炒至软，再加炒好的鸡蛋、盐炒匀即可。

功效 菠菜含有丰富的膳食纤维，可以延缓血糖上升速度，有效促进肠道蠕动，帮助备孕女性控血糖、预防便秘。

菠菜鸭血汤

补铁补血

材料 鸭血150克，菠菜200克。

调料 盐3克，葱末、香油各适量。

做法

1 鸭血洗净，切片；菠菜去老叶，掰开，洗净，焯水，切段。

2 锅置火上，放植物油烧热，放入葱末煸香，倒清水煮开，放鸭血片煮沸，转中火煮10分钟，放入菠菜段、盐，小火煮开2分钟，淋香油即可。

功效 鸭血富含铁、蛋白质等，搭配富含胡萝卜素、维生素C、钙等的菠菜，可以为备孕女性提供多种营养，对缺铁性贫血有较好的辅助治疗作用。

苦瓜 控糖降压

苦瓜含有膳食纤维、钙、铁、胡萝卜素、维生素C、苦瓜皂苷等，有控糖降压、利尿消肿的作用。适合有减肥需求的备孕女性食用。

凉拌苦瓜 控糖降压

材料 苦瓜250克。

调料 盐、花椒、醋各适量，香油少许。

做法

1. 苦瓜洗净，去子，切片，放凉白开中泡10分钟，捞出，焯熟，沥干。
2. 锅置火上，放油烧热，放入花椒爆香，将炸好的花椒油淋在焯好的苦瓜片上，加盐、香油、醋拌匀即可。

功效 苦瓜中的苦瓜皂苷能促进糖分解，也有利于胰岛细胞功能的恢复，对血糖高的备孕男女有益。

苦瓜煎蛋

开胃，补虚

材料 鸡蛋2个，苦瓜100克。

调料 葱末5克，盐2克，胡椒粉、料酒各少许。

做法

1 苦瓜洗净，去子，切薄片；鸡蛋打散；将二者混匀，加葱末、盐、胡椒粉和料酒调匀。

2 锅置火上，倒入油烧至六成热，倒入蛋液，煎至两面金黄即可。

功效 苦瓜与鸡蛋同食，对保护骨骼、牙齿及血管有一定作用，有助于铁质吸收，还有开胃的功效。

苦瓜荠菜肉片汤

增强体力

材料 苦瓜200克，猪瘦肉100克，荠菜50克。

调料 料酒5克，盐少许。

做法

1 苦瓜洗净，剖开去瓤，切薄片；荠菜洗净后切碎；猪瘦肉洗净，切薄片，用盐、料酒腌制拌匀。

2 锅中加适量清水，放入肉片煮沸，再加入苦瓜片煮熟，放荠菜碎煮熟，加盐调味即可。

功效 苦瓜中的维生素C和瘦肉中的铁搭配，可以促进铁吸收，增强体力。

芹菜 清肠降脂

芹菜含有膳食纤维、胡萝卜素、B族维生素、维生素C、钙、磷、铁等营养成分。膳食纤维能刺激肠道蠕动，加速身体废物排出，避免脂肪堆积，帮助备孕男女排毒降脂。芹菜含有挥发性芳香油，对增进食欲、帮助消化大有好处。

什锦芹菜 降脂，促便

材料 芹菜200克，胡萝卜100克，干香菇5克，冬笋丝50克。

调料 姜末5克，盐、香油各2克。

做法

1 芹菜择洗干净，入沸水焯熟，过凉，捞出沥干，切段，撒少许盐拌匀；干香菇泡发，去蒂，洗净，切丝；胡萝卜洗净，切丝；将胡萝卜丝、香菇丝、冬笋丝分别放入沸水中焯透，捞出沥干。

2 将芹菜段、胡萝卜丝、香菇丝、冬笋丝放入盘中，加入姜末、盐、香油拌匀即可。

功效 芹菜低脂高纤，有助于保护血管，对调脂、促便有一定帮助。

银耳拌芹菜

降脂控糖

材料 干银耳5克，芹菜200克，白芝麻少许。

调料 蒜末、盐各适量，香油3克。

做法

1 银耳用温水泡发，择洗干净，放入沸水中焯透，捞出，过凉，沥干，撕成小片；芹菜择洗干净，放入沸水中烫熟，捞出，过凉，沥干，切段。

2 银耳、芹菜段中加蒜末、盐、香油、白芝麻拌匀即可。

功效 芹菜含有膳食纤维、胡萝卜素等，膳食纤维能刺激肠道蠕动，加速身体废物排出，避免脂肪堆积，延缓餐后血糖上升。

芹菜香菇粥

调节血压

材料 大米100克，芹菜50克，鲜香菇3朵，枸杞子5克。

做法

1 芹菜洗净，切丁；香菇洗净，去蒂，切丁；大米洗净，浸泡 30 分钟；枸杞子洗净。

2 锅内倒水烧开，倒入大米煮熟成粥。

3 将芹菜丁、香菇丁、枸杞子一起加入大米粥中煮熟即可。

功效 这道粥含蛋白质、钾，可增强血管弹性，对于调节血压很有帮助。

冬瓜 利尿减肥

冬瓜含有维生素、矿物质、膳食纤维等，有利尿、清热、消肿的作用。适合肥胖的备孕男女食用。

清蒸冬瓜球

控糖减肥

材料 冬瓜250克，胡萝卜100克。

调料 盐2克，姜丝5克，香油、高汤、水淀粉各适量。

做法

1 冬瓜去皮、去瓤，用挖球器挖出球状；胡萝卜洗净，切薄圆片。

2 将盐、高汤、水淀粉制成味汁备用。

3 将冬瓜球、姜丝、胡萝卜片一起放入碗中，加入味汁拌匀，再放入蒸锅蒸10分钟。

4 将汤汁倒出，淋入香油即可。

功效 这道菜好吃爽口，低盐、低脂、低热量，可帮助备孕男女控糖减肥。

冬瓜烩虾仁 利尿降压

材料 虾仁100克，冬瓜200克。

调料 葱末、花椒粉各适量，盐、香油各1克。

做法

1 虾仁洗净；冬瓜去皮、去瓤，洗净，切块。

2 炒锅倒油烧至七成热，下葱末、花椒粉炒出香味，放入冬瓜块、虾仁和适量水烩熟，放入盐、香油即可。

功效 冬瓜含钠低、含钾高，有利尿降压、清热消肿的食疗功效。

海带冬瓜排骨汤 利尿消肿

材料 排骨250克，冬瓜200克，水发海带100克。

调料 姜片5克，胡椒粉、盐各2克，葱段3克，醋少许。

做法

1 海带洗净，切小块；冬瓜去皮、去瓤，切块；排骨洗净，切块备用。

2 炒锅内放少许油，下排骨块和姜片炒出香味。

3 汤锅烧热，倒入炒好的排骨块，加足量清水，滴醋。

4 盖上锅盖，大火烧开后转小火慢炖半小时左右，加入海带块煮半小时。

5 倒入冬瓜块，煮至冬瓜熟软，调入盐、胡椒粉、葱段即可。

南瓜 通便，调脂

南瓜含有的果胶有很好的吸附性，能促进肠道蠕动。此外，南瓜还含有甘露醇、胡萝卜素、维生素 C 等，对备孕女性来说是不错的营养食材选择。

南瓜沙拉 **明目，通便**

材料 南瓜200克，胡萝卜、豌豆各50克，酸奶40克。

做法

1 南瓜洗净，去皮、去瓤，切丁；胡萝卜洗净，去皮，切丁。

2 南瓜丁、胡萝卜丁和豌豆煮熟捞出，放凉；将南瓜丁、胡萝卜丁、豌豆装盘，加入酸奶拌匀即可。

功效 南瓜含有维生素和果胶，果胶具有吸附性，可以吸收体内毒素，起到排毒作用。胡萝卜、豌豆均富含膳食纤维和胡萝卜素，有助于保护视力，促进排便。

红枣蒸南瓜　护肝养肾

材料　老南瓜250克，红枣50克。

做法

1 老南瓜削去硬皮，去瓤，切成厚薄均匀的片；红枣泡发洗净。

2 南瓜片装入盘中，摆上红枣。

3 蒸锅上火，放入南瓜片和红枣，蒸约 30 分钟至南瓜熟烂即可。

功效　南瓜清蒸，营养保留完全，可帮助患有高血压的备孕男女改善肝肾功能。

麦片南瓜粥　润肠通便

材料　南瓜150克，大米40克，原味燕麦片30克。

做法

1 大米洗净，用水浸泡 30 分钟；南瓜去皮、去瓤，洗净，切小块。

2 锅内加适量清水烧开，加大米，煮开后转小火。

3 煮 20 分钟，加南瓜块、燕麦片煮 10 分钟即可。

功效　这道粥不仅富含膳食纤维，有利于润肠通便，还能补充丰富的维生素和矿物质，可补气血，且口感香甜。

西蓝花 抗氧化

西蓝花含有膳食纤维、维生素 C、胡萝卜素、钙、钾、铬等，能增强机体抗病能力，有较好的抗氧化作用，可帮助清除体内自由基。

蒜蓉西蓝花 控糖，促便

材料 西蓝花300克，蒜蓉20克。

调料 盐2克，香油少许。

做法

1. 西蓝花洗净，去柄，掰成小朵。
2. 锅置火上，倒入清水烧沸，将西蓝花焯一下，捞出。
3. 锅内放油烧至六成热，放蒜蓉爆香，倒入西蓝花，加盐翻炒至熟，点香油调味即可。

功效 西蓝花含有维生素C、胡萝卜素等，用蒜蓉增香，有助于促进食欲，控制血糖。

清炒双花

通便，抗氧化

材料 西蓝花、菜花各150克。

调料 蒜片5克，盐少许。

做法

1 西蓝花和菜花掰成小朵，洗净，放入沸水中焯水，捞出过凉备用。

2 锅内倒油烧至六成热，加蒜片爆香，放入西蓝花和菜花，加盐，翻炒均匀即可。

功效 西蓝花和菜花均富含膳食纤维、维生素C、胡萝卜素、钙、钾等，有通便、抗氧化的作用。

西蓝花炒虾仁

调血脂

材料 西蓝花250克，虾仁70克。

调料 盐2克，蒜末、料酒各适量。

做法

1 西蓝花去粗茎，掰成小朵，放入加了盐的沸水中焯烫，捞出沥干；虾仁洗净，去虾线。

2 锅内倒植物油烧热，放入蒜末炒香，加虾仁，中火拌炒，淋少许料酒，放入西蓝花大火爆炒，加盐调味即可。

功效 西蓝花中的类黄酮能清除血管上沉积的胆固醇，防止血小板凝集，有助于调血脂。

芦笋 瘦身减肥

芦笋富含膳食纤维、硒、钙、维生素C、叶酸等营养素，且低脂、低糖。因此有利于促进肠道蠕动，达到瘦身减肥的功效。所含叶酸可帮助备孕女性补叶酸，有助于胎儿大脑发育。

芦笋虾仁沙拉 ※减肥控糖

材料※ 芦笋200克，藜麦20克，虾仁40克，圣女果、熟玉米粒各30克，鸡蛋1个。

调料※ 盐3克，橄榄油、醋、蒜末、柠檬汁、黑胡椒粉各适量。

做法※

1. 藜麦洗净，放入沸水中煮12分钟，捞出，沥干，放凉；鸡蛋洗净，煮熟，去壳，切碎；芦笋洗净，去根部，切小段；虾仁洗净，去虾线；圣女果洗净，对半切开。
2. 将橄榄油、醋、蒜末、柠檬汁、盐、黑胡椒粉搅匀调成油醋汁。
3. 将所有材料放入盘中，加油醋汁拌匀即可。

百合炒芦笋

通便，安神

材料 芦笋200克，鲜百合、玉米粒、柿子椒各50克。

调料 蒜末5克，盐3克。

做法

1 芦笋洗净，去老根，切段，沸水焯烫后，捞出沥干；鲜百合洗净，掰片；柿子椒洗净，去蒂除子，切片。

2 锅内倒油烧至七成热，放入蒜末爆香，再放柿子椒片、百合煸炒，加入芦笋段、玉米粒炒熟，加盐调味即可。

功效 芦笋、百合、玉米富含膳食纤维、B族维生素等，搭配食用可促进肠道蠕动，安神镇惊。

芦笋鲫鱼汤

健脾护肾

材料 鲫鱼1条（约350克），芦笋50克。

调料 盐、料酒、香油各适量。

做法

1 鲫鱼去鳞及内脏，洗净，打花刀，用料酒略腌；芦笋洗净，切斜片。

2 将鲫鱼、芦笋片放入锅内，加入适量清水，大火烧开，撇净浮沫，转小火慢煮至鲫鱼、芦笋片熟，出锅前加适量盐、香油调味即可。

功效 芦笋有清热利尿的功能，搭配和中补虚、除湿利水的鲫鱼同食，可以健脾护肾，适合血压高的备孕男女食用。

胡萝卜 健脾补肾

胡萝卜含有胡萝卜素、维生素E以及铁、铜和锌等多种矿物质，有助于提高备孕男女免疫力。中医认为其有健脾和胃、清热解毒、壮阳补肾等功效。

胡萝卜炒肉丝 健脾补肾

材料 胡萝卜200克，猪瘦肉80克。

调料 葱丝、姜丝各4克，盐1克，料酒、生抽各5克。

做法

1 胡萝卜洗净，切丝；猪瘦肉洗净，切丝，用料酒、生抽腌渍5分钟。

2 锅内倒油烧至七成热，用葱丝、姜丝炝锅，下入肉丝翻炒至变色，盛出。

3 锅底留油烧热，放入胡萝卜丝煸炒，加盐和适量水稍焖，待胡萝卜丝熟时，加肉丝翻炒均匀即可。

功效 胡萝卜与猪瘦肉一起炒食，可帮助备孕女性提高对营养的吸收，清热解毒、健脾补肾。

胡萝卜烩木耳

调脂，通便

材料 胡萝卜200克，水发木耳100克。

调料 姜末、葱末各5克，盐2克，料酒、白糖、生抽各适量。

做法

1 胡萝卜洗净，去皮，切片；木耳洗净，撕小朵。

2 锅置火上，倒油烧至六成热，放入姜末、葱末爆香，下胡萝卜片和木耳翻炒。

3 加入料酒、生抽、盐、白糖，翻炒至熟即可。

功效 胡萝卜含有丰富的胡萝卜素，进入人体后可转化成维生素A；木耳富含膳食纤维。二者搭配可补充营养，有调脂、促便的作用。

胡萝卜梨汁

清热润肺

材料 雪梨150克，胡萝卜50克。

调料 蜂蜜3克。

做法

1 胡萝卜洗净，切小段；雪梨洗净，去皮、去核，切块。

2 将切好的食材一起放入榨汁机中，加饮用水搅打成汁，倒入杯中后加入蜂蜜搅匀即可。

功效 雪梨有排毒润肺的功效，胡萝卜富含胡萝卜素，二者搭配还有清热的功效。

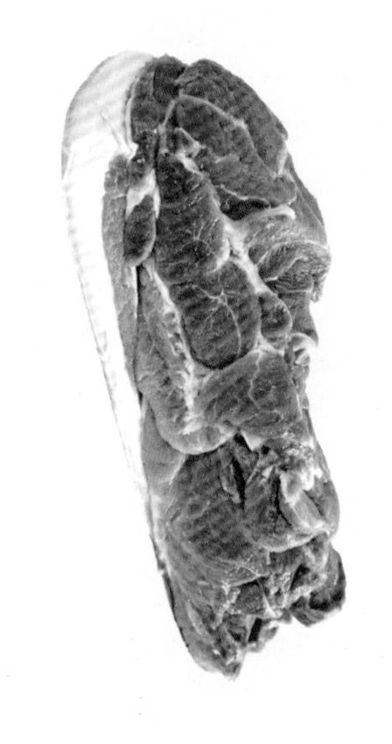

猪肉 补充优质蛋白质和铁

猪肉富含蛋白质、脂肪、铜、锌、维生素 B_1、烟酸、铁、钾等，有助于补铁补血、消除疲劳。

平菇肉片 消除疲劳

材料 平菇200克，猪瘦肉100克。

调料 姜末、葱末各4克，料酒、酱油各5克，淀粉适量，盐2克。

做法

1 猪瘦肉洗净，切片，用淀粉、料酒、酱油腌渍；平菇洗净，撕条。

2 油锅烧热，爆香姜末、葱末，倒肉片炒变色，倒平菇条炒熟，加盐即可。

功效 富含B族维生素的平菇和富含蛋白质的猪肉搭配食用，可以缓解疲劳、提高免疫力。

木樨肉

增强体力

材料 猪瘦肉100克，鸡蛋1个，黄瓜、水发木耳、水发黄花菜各50克。

调料 酱油、料酒、葱末、姜末各5克，盐少许。

做法

1 鸡蛋打散，炒熟，盛出备用；木耳洗净，撕成小朵；黄瓜洗净，切片；猪瘦肉洗净，切片。

2 油锅烧热，炒香葱末、姜末，放肉片煸炒，加酱油、料酒，放水发木耳、水发黄花菜、黄瓜片和鸡蛋炒熟，调入盐即可。

功效 这道菜有猪肉、鸡蛋、黄瓜、木耳等，含蛋白质、脂肪、维生素、铁等，可为人体提供多种必需的营养成分，有助于增强体力。

苦瓜豆腐瘦肉汤

补虚强体

材料 苦瓜150克，猪瘦肉60克，豆腐100克。

调料 盐3克，香油少许，料酒、酱油、水淀粉各适量。

做法

1 苦瓜洗净，一剖两半，去瓤，切片；猪瘦肉洗净，切末，加料酒、香油、酱油腌10分钟；豆腐洗净，切小块。

2 锅内倒油烧热，下肉末滑散，加入苦瓜片翻炒，倒入开水，推入豆腐块煮熟，加盐调味，用水淀粉勾薄芡，淋上香油即可。

功效 猪肉和豆腐富含优质蛋白质，苦瓜可以减肥消脂，搭配食用能补虚强体。

猪肝富含铁和维生素 A，适量食用，可改善备孕女性缺铁性贫血，还可为胎儿的发育补充足量的铁。含有的维生素 A 也有利于胎儿视力发育。

熘肝片

养肝补血

材料 猪肝200克，柿子椒100克。

调料 蒜片10克，盐1克，水淀粉、料酒、生抽、淀粉各适量。

做法

1. 猪肝切片，用清水冲洗、浸泡；柿子椒洗净，切菱形片。
2. 猪肝片用盐和料酒拌匀腌制半小时，然后冲洗干净，沥干后加生抽、淀粉拌匀备用。
3. 锅内放油烧热，下猪肝片滑炒至变色，放入蒜片炒出香味，放入柿子椒片翻炒，然后倒入水淀粉勾芡即可。

功效 柿子椒富含维生素C，和猪肝搭配食用，可帮助备孕女性养肝补血。

盐水猪肝

补铁补血

材料 猪肝300克。

调料 葱段、姜片各20克，大料1个，料酒10克，盐2克，香叶2片。

做法

1 猪肝洗净，用清水浸泡1小时，中途要多次换水，直到去净血水。

2 猪肝放少许盐，抓匀，腌制15分钟。

3 将猪肝放入锅中，放入适量水，加入葱段、姜片、香叶、大料、料酒，大火煮开，转小火慢煮15分钟左右。用筷子扎一下，若猪肝不出血水、能扎透则捞出，切片装盘即可。

功效 猪肝富含铁、维生素A等营养，可补铁补血，改善和纠正缺铁性贫血。

猪肝菠菜粥

提高免疫力

材料 猪肝50克，大米100克，菠菜60克。

调料 盐2克。

做法

1 猪肝冲洗干净，切片，焯水后捞出，沥干；菠菜洗净，焯水，切段；大米淘洗干净，浸泡30分钟。

2 锅置火上，加适量清水烧开，放入大米，大火煮沸，转小火慢熬。

3 煮至粥将成时，放入猪肝片煮熟，加菠菜段稍煮，加盐调味即可。

功效 这道粥富含铁和维生素C，有利于提高备孕男女的免疫力。

牛肉 补血养胃

牛肉蛋白质含量高，脂肪含量低，富含锌、B 族维生素、铁等，能提高机体抗病能力，有助于修复组织、增长肌肉。牛肉中的锌是构成精子的重要元素。

注：这道菜一次可多做点儿，放冰箱冷冻，随吃随取。

五香酱牛肉 预防缺铁性贫血

材料 牛肉600克。

调料 姜片、葱段、蒜片各10克，冰糖、老抽、料酒各15克，盐4克，花椒、香叶、大料、干辣椒、白芷、丁香、香菜段各适量。

做法

1 牛肉洗净，扎小孔，以便腌渍时易入味，放姜片、蒜片、葱段，加盐、老抽、料酒，抓匀后腌渍 2 小时。

2 锅内放油烧热，放冰糖小火炒化，加适量清水，放牛肉，倒入腌渍牛肉的汁，大火煮开，撇去浮沫，倒入花椒、香叶、大料、干辣椒、白芷、丁香，中小火煮至牛肉用筷子能顺利扎透即可关火。

3 煮好的牛肉继续留在锅内自然凉凉，盛出切片，放上香菜段即可。

土豆烧牛肉

通便，补虚

材料 牛肉200克，土豆150克。

调料 料酒、酱油各10克，香菜段、葱末、姜片、醋各5克，盐2克。

做法

1 牛肉洗净，切块，焯烫；土豆洗净，去皮，切块。

2 油锅烧热，爆香葱末、姜片，放牛肉块、酱油、料酒、盐翻炒，倒入砂锅中，加清水炖50分钟，加土豆块炖熟，放醋，收汁，撒香菜段即可。

功效 土豆富含膳食纤维和维生素C，牛肉富含铁、锌、蛋白质，搭配食用有宽肠通便、健脾补虚的作用。

牛肉滑蛋粥

补脾养胃

材料 牛里脊50克，大米100克，鸡蛋1个。

调料 姜末、葱末、香菜末各5克，盐2克。

做法

1 牛里脊洗净，切片，加盐腌30分钟；大米淘洗干净，用水浸泡30分钟。

2 锅置火上，加适量清水煮开，放入大米煮至将熟，将牛里脊片下锅中煮至变色，鸡蛋打入锅中搅拌，粥熟后加盐、葱末、姜末、香菜末即可。

功效 牛里脊对提高身体免疫力和修复人体组织有帮助；大米能调节人体肠胃功能。二者搭配食用能帮助备孕男女补脾养胃。

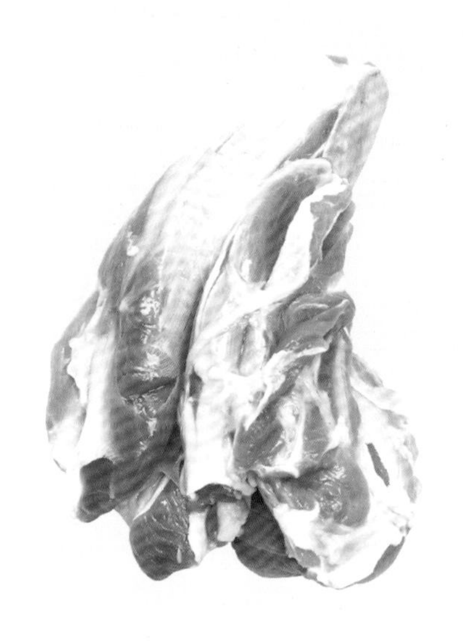

羊肉 暖胃补肾

羊肉含有蛋白质、脂肪、铁、锌、B 族维生素等，其肉质细嫩，容易消化，可除湿气、暖胃补肾。备孕期吃羊肉能增加营养、提高免疫力，可以缓解疲劳无力、腰膝酸软、腹痛等症状。

红烩羊肉 补肾，控糖

材料 羊肉300克，番茄、洋葱各50克。

调料 番茄酱10克，淀粉、料酒、酱油各5克，盐2克，胡椒粉1克。

做法

1 羊肉洗净，切块，用淀粉、胡椒粉、盐拌匀；番茄洗净，切块；洋葱洗净，切丁。

2 羊肉块放油锅中滑熟，烹料酒和酱油，焖 2~3 分钟，盛出。

3 锅内倒油烧热，炒香洋葱丁，加番茄酱煸炒，倒入羊肉块、水烧开，加盐调味，转小火焖熟，加番茄块稍炖即可。

功效 羊肉营养丰富，有暖胃补肾等作用；洋葱含有的硫化物可刺激胰岛素的合成及分泌，帮助控血糖。

清炖羊肉

增强免疫力

材料 羊肉200克，白萝卜150克。

调料 葱段、姜片各15克，花椒1克，盐2克。

做法

1 羊肉和白萝卜洗净、切块。
2 锅内加水烧开，放羊肉块焯水，捞出。
3 砂锅加水、羊肉块、白萝卜块、葱段、姜片、花椒，大火烧开，转中小火炖至羊肉酥烂，加盐即可。

功效 白萝卜含维生素C和微量元素锌，和羊肉一起炖食，有助于增强免疫力。

羊肉丸子萝卜汤

清痰止咳

材料 白萝卜100克，羊肉200克，粉丝20克，鸡蛋清1个。

调料 葱末5克，盐2克，香菜末、香油各适量。

做法

1 白萝卜洗净，切丝；羊肉洗净，剁成肉馅，加香油和蛋清搅至上劲，挤成小丸子；粉丝提前泡软，剪长段。
2 锅内倒油烧热，炒香葱末，加清水烧沸，下小丸子煮开，放白萝卜丝和粉丝段煮熟，用香菜末、盐调味即可。

乌鸡 缓解疲劳

乌鸡蛋白质含量高，易于被人体吸收；富含的 B 族维生素、硒等有助于缓解疲劳，促进食欲。食用乌鸡可以补肝肾，煨汤或炖食味道鲜美。

栗子炖乌鸡 提高免疫力

材料 乌鸡300克，栗子100克。

调料 葱段、姜片、盐各适量，香油4克。

做法

1 乌鸡洗净，剁块，入沸水中焯透，捞出；栗子洗净，去壳，取果肉。

2 锅内放入乌鸡块、栗子肉，加温水（以没过鸡块和栗子肉为宜），加姜片，大火煮沸，转小火煮 45 分钟，撒葱段，用盐和香油调味即可。

功效 乌鸡蛋白质含量高，易于被人体吸收；搭配栗子，可提高免疫力。

乌鸡糯米粥 缓解痛经

材料 乌鸡腿150克，圆糯米100克。

调料 葱白丝10克，盐2克。

做法

1 乌鸡腿洗净，切块，放入沸水中焯烫，沥干。

2 锅置火上，放入适量清水，放入乌鸡腿用大火煮沸，转小火煮15分钟，放入圆糯米继续煮，煮沸后转小火，待糯米熟时放入葱白丝，加盐调味即可。

功效 乌鸡煮粥吃味道香浓，还可补肾，缓解痛经。

红枣桂圆乌鸡汤 补虚强体

材料 乌鸡250克，红枣20克，桂圆2颗，枸杞子少许。

调料 姜片、葱段、盐各适量。

做法

1 乌鸡洗净，切块，焯水；红枣、桂圆分别洗净。

2 瓦罐中倒入适量清水，放入乌鸡块、红枣、桂圆、姜片，大火煮沸后转小火炖2小时，放入葱段、枸杞子煮5分钟，调入盐即可。

功效 乌鸡富含B族维生素、硒、铜等，搭配红枣、桂圆做汤，有较好的补虚强体作用。

鸡蛋 补充蛋白质

鸡蛋营养丰富，可为人体提供优质蛋白质、维生素E、卵磷脂等，有助于修复组织、促进细胞再生。

鸡蛋沙拉 养血，降压

材料 鸡蛋1个，生菜叶100克，番茄60克，金枪鱼罐头30克。

调料 橄榄油5克，盐2克。

做法

1 生菜叶洗净，撕片；番茄洗净，切小块。

2 鸡蛋煮熟，去壳，切小块。

3 鸡蛋块、生菜叶、番茄块中加金枪鱼肉，倒橄榄油和盐拌匀即可。

功效 鸡蛋营养丰富，搭配番茄、金枪鱼食用，可以健胃消食、养血降压。

丝瓜炒鸡蛋 ※美容护肤

材料 ※ 丝瓜300克，鸡蛋1个。

调料 ※ 盐2克，姜末、葱末、蒜末各5克。

做法 ※

1 丝瓜，去皮，洗净，切滚刀块，入沸水焯烫，捞出沥干。

2 鸡蛋磕入碗中，打散，炒熟，盛出。

3 锅留底油烧热，爆香姜末、葱末、蒜末，放入丝瓜块翻炒，加入鸡蛋和盐炒匀即可。

功效 ※ 丝瓜和富含蛋白质、磷、B族维生素的鸡蛋搭配，有美容护肤、清热消肿的作用。

奶香香蕉蒸蛋 ※补充蛋白质

材料 ※ 牛奶150克，香蕉100克，鸡蛋1个。

做法 ※

1 香蕉去皮，切块，和牛奶一起放入料理机搅拌成汁；鸡蛋打散备用。

2 将香蕉牛奶汁倒入鸡蛋液中，混合均匀，撇去浮沫，蒙上保鲜膜并扎几个孔，水开后入锅，中火蒸10分钟即可。

功效 ※ 这道菜口感软嫩，制作简单，适合早餐食用，为备孕女性提供优质蛋白质、钙等。

香菇 调脂控糖

香菇含有蛋白质、膳食纤维、维生素 D、硒等多种营养成分，有助于控血糖、降血脂。所含香菇多糖具有抑制肿瘤的作用，能增强细胞免疫功能。

蒸三素 提高免疫力

材料 鲜香菇、胡萝卜、大白菜各100克。

调料 盐2克，水淀粉、香油各适量。

做法

1 香菇洗净，切丝；胡萝卜、大白菜洗净，切丝。

2 取小碗，抹油，放香菇丝、胡萝卜丝、大白菜丝蒸 10 分钟，倒扣入盘。

3 锅内倒水烧开，加盐、香油调味，淋入水淀粉勾芡，将芡汁淋在蔬菜上即可。

功效 香菇、胡萝卜和大白菜都有提高免疫力的功效，三者搭配食用对备孕有益。

香菇油菜

降压控糖

材料 油菜200克，鲜香菇150克。

调料 葱末、姜丝各4克，酱油、料酒各5克，白糖、盐各少许。

做法

1 油菜择洗干净，切长段；香菇洗净，去蒂，切块。

2 油锅烧热，爆香葱末、姜丝，放香菇块、酱油、料酒、白糖翻炒，放油菜段，加盐炒熟即可。

功效 香菇含有膳食纤维，有助于促进肠道蠕动，改善动脉粥样硬化，降压控糖。

香菇笋片汤

健脾益胃

材料 竹笋200克，鲜香菇80克，油菜心50克。

调料 盐2克，香油适量。

做法

1 香菇去蒂，洗净后切四瓣；竹笋去老皮，切片，焯水；油菜心洗净，切段。

2 将香菇、笋片放入锅中，加适量清水烧开，出锅前加入油菜心段稍煮，放入盐、香油调味即可。

功效 竹笋含有丰富的膳食纤维，与香菇同煮，味道鲜美，可健脾益胃。

木耳 排毒养颜

木耳含有丰富的膳食纤维、B 族维生素、钾等营养成分。木耳富含的胶质有较强的吸附力，可清肠通便；木耳含有的铁，可辅治备孕女性缺铁性贫血。

木耳拌藕片 润肠促便

材料 干木耳5克，莲藕150克，花生米30克。

调料 盐1克，蒜末、香菜末、白糖、生抽、醋、香油各适量。

做法

1 木耳提前 2 小时泡发，洗净，焯水；莲藕去皮切片，焯水，用凉水浸泡 10 分钟。

2 冷锅冷油，倒入花生米，小火慢炸至熟，捞出控油备用。

3 将藕片控干水分，与木耳、花生米、香菜末、蒜末、白糖、盐、生抽、醋、香油拌匀即可。

功效 木耳低热量、低脂，莲藕富含维生素C、膳食纤维，二者搭配食用有助于润肠促便。

山药木耳炒莴笋 调脂降压

材料 莴笋200克，山药片、水发木耳各50克。

调料 醋5克，葱丝、白糖、盐各3克。

做法

1 莴笋去叶、去皮，切片；水发木耳洗净，撕小朵；山药片和木耳分别焯烫，捞出。

2 油锅烧热，爆香葱丝，倒莴笋片、木耳、山药片炒熟，放盐、白糖、醋炒匀即可。

功效 木耳含有帮助消化的膳食纤维，莴笋为高钾低钠蔬菜，和山药一起炒食口感好，可帮助降血压、调脂。

竹荪木耳羹 清热养血

材料 竹荪20克，干木耳10克，鸡蛋1个。

调料 盐2克，蘑菇高汤（含金针菇）适量。

做法

1 竹荪用淡盐水泡发，沸水焯烫，捞出沥干；木耳泡发，洗净，撕小朵，沸水焯烫；鸡蛋打散成蛋液。

2 锅置火上，倒入蘑菇高汤，用大火煮沸，加入竹荪、木耳，小火煮10分钟，淋入蛋液搅散，加盐调味即可。

功效 木耳含铁丰富，和竹荪、鸡蛋一起做羹，能清热养血，改善备孕女性缺铁性贫血。

黄豆 降脂控糖

黄豆含有丰富的优质蛋白质、钙、磷、膳食纤维等营养物质，有助于强骨、控压。此外，黄豆中还含有卵磷脂、大豆异黄酮等，有利于控糖降脂、对抗动脉粥样硬化。

秘制茄汁黄豆 抗氧化，补钙

材料 黄豆100克，番茄200克，洋葱20克。

调料 盐2克，生抽4克。

做法

1. 黄豆洗净，冷水浸泡 12 小时，放入加了生抽的沸水中煮熟，捞出。
2. 番茄洗净，用刀划十字，放入沸水中煮 30 秒，捞出去皮，切丁；洋葱洗净，去皮，切丁。
3. 锅内倒油烧至七成热，倒入番茄丁、洋葱丁炒软，加适量清水煮开，加入黄豆，煮至汤汁浓稠，加盐调味即可。

功效 黄豆富含大豆异黄酮、钙、蛋白质，可抗氧化、降脂、补钙；番茄含有大量抗氧化物质——番茄红素，能够帮助备孕女性抵抗衰老。

茴香豆

开胃，补钙

材料 黄豆200克，小茴香10克。

调料 盐5克，大料1个。

做法

1 黄豆洗净，用清水浸泡12小时。

2 锅中倒入适量水烧开，放入小茴香、大料、盐，再次烧开后放入黄豆煮熟，关火。

3 待黄豆在大料茴香水中浸泡3小时入味后，捞出沥干即可。

功效 黄豆含蛋白质、膳食纤维、钙等成分，可以促进肠道蠕动、补钙，有利于降血脂。加入小茴香还有开胃的作用。

小米黄豆面煎饼

控血糖

材料 小米面200克，黄豆粉40克。

做法

1 小米面、黄豆粉放入盆中，用筷子将盆内材料混合均匀。

2 倒入240克清水搅拌，直到搅拌成均匀无颗粒的糊状，加盖醒发4小时。

3 锅内倒油烧至四成热，用汤勺舀入面糊，使其自然形成圆饼状，开小火，将饼煎至两面金黄即可。

功效 利用杂粮粉制作主食，是增加粗粮摄入的一个好办法，对于延缓餐后血糖升高有益。

黑豆 补肾降压

黑豆富含优质蛋白质、膳食纤维、钙、钾、花青素等，能抵抗自由基，可帮助备孕女性养肾、预防便秘、调控血压。

凉拌黑豆

调脂降压

材料 黑豆100克，芹菜50克，红彩椒30克。

调料 盐、香油各2克，大料1个，干辣椒、花椒、桂皮、陈皮各适量。

做法

1 黑豆洗净，用清水浸泡 8 小时；芹菜洗净，切丁，放入沸水中焯一下；红彩椒去蒂，洗净，切丁。

2 锅内加水，加入盐、大料、干辣椒、花椒、桂皮、陈皮煮开，放入黑豆，中火焖煮至熟，捞出，凉凉。

3 将芹菜丁、红彩椒丁和黑豆拌匀，加盐、香油拌匀即可。

功效 黑豆含有的花青素能有效清除人体内的自由基，减少脂肪堆积。黑豆富含钾，还有助于控血压。

黑豆紫米粥　补铁，降压

材料　紫米60克，黑豆50克。

调料　白糖少许。

做法

1 黑豆、紫米洗净，浸泡4小时。

2 锅置火上，加适量清水，用大火烧开，加紫米、黑豆煮沸，转小火煮1小时至熟，撒白糖拌匀即可。

功效　黑豆富含花青素、钙、钾、蛋白质，可以有效降压，还能抗氧化；紫米中铁元素比较丰富，可造血补血。二者搭配食用，不仅口感好，还能帮助备孕女性补铁、降压。

红枣燕麦黑豆浆　补血益肾

材料　黑豆50克，红枣30克，原味燕麦片20克。

调料　冰糖适量。

做法

1 黑豆用清水浸泡8～12小时，洗净；燕麦片洗净；红枣洗净，去核，切碎。

2 将上述食材一同倒入全自动豆浆机中，加水至上下水位线之间，按下“豆浆”键，煮至豆浆机提示豆浆做好，依个人口味加适量冰糖调味即可。

功效　这款豆浆含有多种营养成分，补血益肾。

豆腐 调和脾胃

豆腐有“植物肉”的美称，富含易被人体吸收的优质蛋白质，还含有钙、磷、镁等多种矿物质，能帮助备孕女性补充蛋白质，调和脾胃。它含有的大豆异黄酮可调节免疫功能，平衡内分泌。

家常豆腐 开胃补虚

材料 豆腐300克，猪瘦肉100克，鲜香菇、竹笋各50克，柿子椒20克。

调料 葱末、姜片、蒜片、生抽各5克，盐2克，豆瓣酱3克，高汤适量。

做法

1 豆腐洗净，切三角片；猪瘦肉、竹笋、柿子椒洗净，切片；鲜香菇洗净，去蒂，切片。

2 油锅烧热，下豆腐片煎至金黄色，捞出；锅内留底油烧热，放肉片、香菇片、竹笋片、豆瓣酱、葱末、姜片、蒜片炒香。

3 放豆腐片、生抽稍炒，加高汤烧至豆腐软嫩，放柿子椒片、盐炒匀即可。

海带豆腐汤

利尿，减脂

材料 北豆腐300克，干海带50克。

调料 盐、葱末、姜末各适量。

做法

1 海带用温水泡发，洗净，切丝。
2 豆腐洗净，切块，放入锅内加水煮沸，捞出凉凉，改刀切小方丁备用。
3 锅置火上，倒入植物油烧热，放入姜末、葱末煸香，放入豆腐丁、海带丝，加适量清水，大火烧沸后转小火炖15分钟，加入盐略煮即可出锅。

功效 海带富含碘、膳食纤维；豆腐富含优质蛋白质、钙。二者搭配食用可抑制脂肪吸收，利尿消肿。

鲫鱼 补充蛋白质

鲫鱼含有蛋白质、卵磷脂、铁、钙、钾等营养成分，具有较强的滋补作用，备孕期食用可补充营养，增强抗病能力。

干烧鲫鱼 健脾养胃

材料 净鲫鱼300克，猪瘦肉50克。

调料 葱段、料酒、酱油、豆瓣酱各6克，姜末、醋、白糖各4克，淀粉适量，香油少许。

做法

1. 鲫鱼洗净，在鱼身上划几刀，用盐、料酒、淀粉腌渍15分钟；猪瘦肉洗净，切丁。
2. 锅置火上，倒油烧至七成热，下鲫鱼煎至两面金黄，捞出备用。
3. 锅留底油加热，下肉丁、姜末、豆瓣酱炒香，加入料酒、酱油、白糖、醋和少许水，烧开后放鲫鱼，再次烧开后转小火焖5分钟，大火收汁，点香油，撒葱段即可。

功效 鲫鱼和猪肉均富含蛋白质、铁、锌等营养，一起食用可健脾养胃。

鲫鱼炖豆腐

强骨补虚

材料 净鲫鱼1条（250克），北豆腐300克。

调料 姜片、花椒粉、香菜段各适量，盐2克。

做法

1 净鲫鱼洗净；北豆腐洗净，切块。

2 锅内倒油烧至四成热，放入鲫鱼煎至两面微黄，下姜片、花椒粉炒出香味。

3 放入豆腐块和适量水，与鲫鱼一同炖 15 分钟，用盐调味，点缀香菜段即可。

功效 鲫鱼和豆腐均富含蛋白质、钙等，二者搭配食用可补充蛋白质、强骨补虚。

萝卜丝鲫鱼汤

消肿，补虚

材料 白萝卜200克，鲫鱼1条，火腿10克。

调料 鱼高汤、盐、料酒、胡椒粉、葱段、姜片各适量。

做法

1 鲫鱼去鳞、鳃及内脏后洗净。

2 白萝卜洗净，切丝，放入沸水中焯一下，捞出过凉；火腿切丝。

3 锅内放油烧热，爆香葱段、姜片，放鲫鱼略煎，加鱼高汤、白萝卜丝、火腿丝烧开，转中小火煮至鱼汤呈乳白色，加盐、料酒、胡椒粉煮开即可。

功效 鲫鱼为高蛋白、低热量食物，白萝卜含膳食纤维，二者同食可助消化、利尿消肿、补虚促食。

鱿鱼 健脑抗衰

鱿鱼富含蛋白质、B 族维生素和牛磺酸，有助于健脑抗衰、缓解疲劳。

韭菜炒鱿鱼 补肾养肝

材料 鱿鱼200克，韭菜100克。

调料 葱末、姜末、蒜末、料酒、酱油各5克，盐2克，香油少许。

做法

1 鱿鱼洗净，打花刀，切条；韭菜择洗干净，切段。

2 锅置火上，倒入清水烧沸，将鱿鱼烫熟后捞出控水。

3 锅内倒油烧至六成热，下葱末、姜末、蒜末煸香，倒入鱿鱼条，加料酒、酱油和盐翻炒，加入韭菜段翻炒片刻，点香油调味即可。

功效 鱿鱼富含蛋白质、钙、磷、铁等，可改善肝功能，和有补肾作用的韭菜搭配食用，有不错的补肾养肝功效。

芹菜拌鱿鱼

开胃，控糖

材料 鲜鱿鱼250克，芹菜100克，红彩椒20克。

调料 姜汁、盐、醋、香油、胡椒粉各适量。

做法

1. 鱿鱼洗净，切细丝；芹菜择洗干净，切段；红彩椒洗净，去蒂，切丝。
2. 芹菜段放入沸水中迅速焯烫，捞出过凉，沥干，拌入少许盐、香油，装盘。
3. 将鱿鱼丝放入沸水中焯至断生，捞出，加入红彩椒丝、姜汁、盐、醋、胡椒粉、香油拌匀，放在芹菜段上即可。

功效 鱿鱼富含蛋白质和牛磺酸，和芹菜一起食用，有助于控糖、促进食欲。

鳝鱼 健脑强身

鳝鱼中含有丰富的DHA、锌等，有助于滋养脑细胞，还能调节血糖。“夏吃一条鳝，冬吃一支参”，是我国民间流传已久的说法。鳝鱼不仅营养价值高，还有滋补强身的作用。

芹菜炒鳝段 控糖，健脑

材料 鳝鱼150克，芹菜200克。

调料 葱末、姜末、蒜末各适量，料酒、酱油各5克，盐2克。

做法

1 芹菜择洗干净，切段；鳝鱼治净，切段，焯水，捞出备用。

2 锅内倒油烧热，倒入姜末、蒜末、葱末、料酒炒香，倒入鳝鱼段、酱油翻炒至七成熟，倒入芹菜段继续翻炒几分钟，加盐调味即可。

功效 芹菜含有钾、膳食纤维，鳝鱼富含蛋白质、硒、DHA等，二者搭配食用有健脑、清热解毒、控糖的作用。

鳝鱼豆腐汤

滋补强身

材料 鳝鱼、豆腐各200克。

调料 葱末、姜丝、蒜末各适量，盐2克，胡椒粉少许。

做法

1 鳝鱼去头、尾、内脏，用盐水洗去黏液，切成3厘米的段，焯水，捞出备用；豆腐洗净，切块，焯水沥干备用。

2 锅内倒油烧至七成热，放入鳝鱼段煎至两面略黄时，放入姜丝、蒜末翻炒，加水没过鳝鱼段，水开后放入豆腐块继续煮15分钟，加盐、胡椒粉、葱末即可。

功效 鳝鱼所含的DHA不仅可健脑益智，还可促进血液循环，和富含蛋白质的豆腐一起食用，可帮助备孕男女调节血糖，滋补强身。

鳝鱼小米粥

养血安神

材料 小米100克，鳝鱼80克。

调料 盐2克，姜丝、葱末各少许。

做法

1 小米淘洗干净；鳝鱼治净，切段。

2 锅置火上，倒入适量清水烧沸，放入小米煮约15分钟，放入鳝鱼段、姜丝，转小火熬至粥黏稠，加盐、葱末调味即可。

功效 鳝鱼含丰富的DHA，可补脑健身；小米高钾低钠，滋阴养血。二者搭配有利于备孕女性养血安神。

带鱼 保护心血管

带鱼富含蛋白质、DHA、卵磷脂、锌等，既能帮助备孕男女补充蛋白质，又能促进胎儿大脑发育。所含的烟酸、镁、维生素 B_2 等有助于维护心脏健康。带鱼的鱼身外披有一层白色鳞，称为“银脂”，这是一种营养价值较高的优质脂肪，有保护心血管的作用。

清蒸带鱼 控压，补锌

材料 带鱼300克。

调料 大料、盐、料酒、酱油、香油、香菜段、葱末、姜末、蒜末、花椒各适量。

做法

1. 带鱼洗净，切块，在两面打十字花刀。
2. 带鱼块装盘，加大料、盐、料酒、酱油、香菜段、葱末、姜末、蒜末、花椒腌渍入味。
3. 上笼蒸 15 分钟，出笼，淋上烧热的香油即可。

功效 带鱼富含锌和镁，有助于补锌、控压。

带鱼冻

保护心血管

材料 带鱼300克。

调料 盐、葱末、姜末、蒜末各2克，白糖、生抽、料酒、米醋各5克，薄荷叶少许。

做法

1 带鱼洗净切段，沥干备用。

2 锅置火上，倒油烧热，爆香葱末、姜末、蒜末，将带鱼段放入锅内，淋入料酒和生抽略腌，加入米醋、白糖，不要用锅铲翻动，拿起锅柄摇动，以免鱼身被翻烂。

3 当带鱼煎至微黄时，加入清水没过带鱼，烧开后盖盖小火焖煮，中途摇动锅柄 2~3 次，当汤汁收到七成时，再焖 1 分钟即可装盘，凉凉后放入冰箱冷藏 1 小时即可。食用时可在上面点缀薄荷叶。

功效 带鱼的脂肪多为不饱和脂肪，有利于保护心血管健康。

虾 提高免疫力

虾富含优质蛋白质、硒、碘等，脂肪含量低，是甲减患者的好选择。虾还富含钙、钾、磷等，有助于强健骨骼、提高免疫力、稳定情绪。

虾仁水果沙拉 补蛋白质

材料 猕猴桃2个，虾仁6只，鸡蛋1个。

调料 淀粉、沙拉酱各适量。

做法

1 猕猴桃洗净，去皮，切小块；鸡蛋打散备用。

2 虾仁洗净，裹上蛋汁，再蘸淀粉。

3 锅中放油，将虾仁滑至金黄色，捞出放凉。

4 虾仁、猕猴桃块中拌入沙拉酱即可。

功效 虾仁富含钾、碘、镁、磷等矿物质及优质蛋白质等营养成分，其肉质松软、易消化，味道鲜甜滋润。

草菇烩虾仁

提高免疫力

材料 草菇、虾仁各150克，鸡蛋1个。

调料 料酒5克，盐2克，淀粉、水淀粉各适量。

做法

1 草菇洗净；鸡蛋取蛋清；虾仁洗净，用蛋清、淀粉腌渍10分钟，滑熟后盛出。

2 锅留底油，下草菇煸炒，加盐、料酒翻匀，倒虾仁炒熟，用水淀粉勾芡即可。

功效 草菇富含膳食纤维、硒，虾仁含优质蛋白质、硒，合炒营养丰富、容易消化，有助于提高免疫力。

山药炒虾仁

预防便秘

材料 山药150克，虾仁100克，豌豆50克，胡萝卜半根。

调料 盐、香油各3克，料酒5克，胡椒粉2克。

做法

1 山药、胡萝卜洗净，去皮，切条，放入沸水中焯烫后捞出凉凉。

2 虾仁洗净，用料酒腌20分钟；豌豆洗净。

3 油锅烧热，放入山药条、胡萝卜条、虾仁、豌豆同炒至熟，加入盐、胡椒粉，淋入香油即可。

功效 山药富含黏液蛋白、可溶性膳食纤维等，和含叶酸的豌豆、含优质蛋白质的虾仁搭配，润肠通便。

海参 补肾强身

海参含蛋白质、B 族维生素、维生素 E、锌、牛磺酸、海参多糖等，是一种高蛋白、低嘌呤、低脂的营养食品，具有补肾益精、补血调经的作用，对备孕男女都有益。

什锦烩海参 调脂控糖

材料 水发海参300克，香菇、竹笋、荷兰豆、胡萝卜片各30克。

调料 葱末、姜片、料酒各5克，胡椒粉、盐各2克，香油、水淀粉各适量。

做法

1 海参处理好，切块；香菇洗净去蒂，对切；荷兰豆去老筋，洗净，对半切开；竹笋洗净，去老皮，切条。

2 锅置火上，加水烧开，放海参块、葱末、姜片、料酒煮 3 分钟，捞出。

3 锅内放油烧热，放胡萝卜片、香菇、竹笋条、荷兰豆、海参块、盐、香油、胡椒粉翻匀，用水淀粉勾芡即可。

功效 海参富含硒，硒有助于控血糖，和香菇、竹笋、荷兰豆、胡萝卜搭配，可调脂控糖。

葱烧海参

补肾益精

材料 水发海参300克，葱白段50克。

调料 葱油10克，姜片5克，料酒、酱油各10克，盐3克，葱姜汁、水淀粉各适量。

做法

1 水发海参洗净，焯烫，捞出，切条；葱白段炸香。

2 锅中倒葱油烧热，倒酱油、料酒、葱姜汁、姜片、海参条炖10分钟，加炸葱白段、盐，用水淀粉勾芡即可。

功效 海参含蛋白质、多种维生素、锌、海参多糖等，可补肾益精，提高男性生育力。

海参竹荪汤

滋补强身

材料 海参50克，红枣20克，竹荪、枸杞子各10克，干银耳5克。

调料 盐适量。

做法

1 海参、竹荪泡发洗净，切丝；红枣去核，洗净，浸泡；银耳泡发，去蒂，洗净，撕成小朵。

2 锅中倒入适量清水，放入银耳、海参丝，大火煮沸后转小火煮约20分钟，加入枸杞子、红枣、竹荪丝煮约10分钟，加盐调味即可。

功效 海参富含海参多糖，和红枣、银耳、竹荪、枸杞子搭配，有滋补强身的作用。

牡蛎 补锌益精

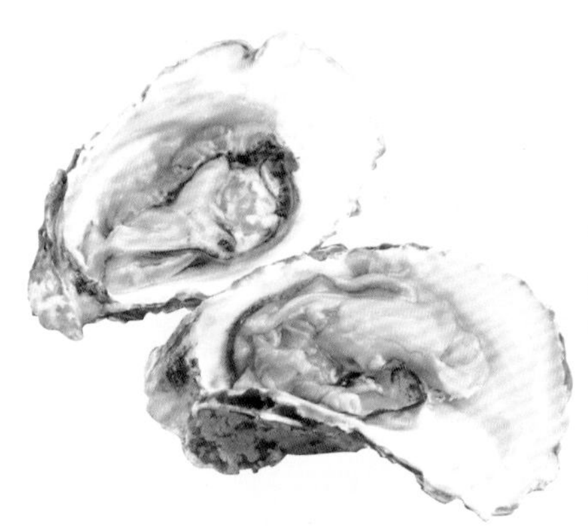

牡蛎富含蛋白质、牛磺酸、锌、碘等营养成分。牡蛎中含有的牛磺酸可以促进胆汁分泌，有利于脂肪代谢；牡蛎含有的锌有助于改善食欲、维护生殖健康。

柚子拌牡蛎 补锌，清热

材料 牡蛎250克，柚子100克，红彩椒15克。

调料 葱末10克，胡椒粉3克，蒸鱼豉油5克。

做法

1 牡蛎洗净备用；柚子去皮取肉，切碎；红彩椒洗净，切小丁。

2 将葱末、红彩椒丁、柚子碎放入碗里，加入胡椒粉、蒸鱼豉油拌匀。

3 锅里水烧开，放入牡蛎用大火煮熟，捞出后放入装调料的碗中，拌匀即可。

功效 牡蛎锌含量高，锌可以提高男性精子质量，避免因缺锌而导致的不育。

双耳牡蛎汤

控血糖

材料 水发木耳、牡蛎各100克，水发银耳50克。

调料 葱姜汁、盐、料酒、醋、胡椒粉、高汤各适量。

做法

1 将木耳、银耳撕成小块；牡蛎洗净，入沸水焯烫后捞出。

2 另起锅，加高汤烧沸，放入木耳、银耳、料酒、葱姜汁煮约15分钟。

3 下入焯好的牡蛎，加入盐、醋煮熟，加胡椒粉调味即可。

功效 牡蛎具有高蛋白、低糖、低脂的优点，煲汤或清蒸食用，营养更容易吸收。搭配木耳、银耳，对控血糖有益。

牡蛎瘦肉豆腐羹

补锌益精

材料 牡蛎肉、猪瘦肉各50克，豆腐200克，竹笋100克，鲜香菇2朵。

调料 盐、鱼高汤、酱油、香油、葱段、水淀粉各适量。

做法

1 香菇洗净，去蒂，切片；牡蛎肉洗净，沥干；猪瘦肉洗净，切片；豆腐洗净，切片；竹笋洗净，去老皮，切片，焯水。

2 锅内倒油烧至四成热，爆香葱段，放肉片翻炒至变白，加香菇片、笋片略炒，加酱油炒匀，倒鱼高汤煮开。

3 将豆腐片下锅煮熟，放入牡蛎肉煮1分钟，加盐搅匀，倒水淀粉勾芡，淋香油即可。

蛤蜊 控糖补钙

蛤蜊富含蛋白质、钙、维生素 D、牛磺酸等多种成分，是一种低热量、高蛋白食物，能帮助备孕男女控糖补钙，还有一定的滋阴润燥、利尿消肿作用。

蛤蜊蒸蛋 控血糖

材料 蛤蜊10只，鸡蛋1个，鲜香菇50克。

调料 姜片5克，料酒10克，盐少许。

做法

1 蛤蜊用盐水浸泡，使其吐净泥沙，放入加姜片和料酒的沸水中烫至壳开，捞出；香菇洗净，焯熟，切碎。

2 鸡蛋磕开，加盐打散，加水搅匀，加蛤蜊、香菇碎，上锅蒸 10 分钟即可。

功效 蛤蜊富含钙、锌、蛋白质，低脂、低热量，有助于维持血糖浓度。

葱炒蛤蜊

补钙补锌

材料 蛤蜊250克，葱段50克。

调料 姜片5克，料酒10克，盐2克。

做法

1 蛤蜊洗净，用料酒腌渍 10 分钟。

2 锅内倒油烧热，爆香姜片和葱段，倒蛤蜊，烹料酒，加盐翻炒至蛤蜊熟即可。

功效 蛤蜊富含钙、锌等元素，备孕时吃蛤蜊能补充钙质和锌，对促进胎儿骨骼和牙齿发育也有益。

扇贝 增强免疫力

扇贝肉质鲜美，被列入八珍之一，含有丰富的蛋白质、锌和碘等营养。碘是构成甲状腺激素的原料，能够促进体内的能量代谢。锌能够促进人体的生长发育、维持正常食欲，还能增强免疫力，帮助维持精子活力，经常食用对备孕有帮助。

蒜蓉粉丝蒸扇贝 补锌，控压

材料 扇贝350克，粉丝、蒜蓉各50克。

调料 白糖、豉汁各5克，盐3克，葱末、姜末各8克。

做法

1 粉丝剪断，用温水泡软；扇贝放入水中，吐净泥沙，取扇贝肉备用，扇贝壳烫后摆入大盘中。

2 取一小碗，放入白糖、豉汁、蒜蓉、姜末、盐拌匀即为料。

3 把粉丝放在扇贝壳上，然后依次放入扇贝肉，淋上拌好的料，上笼大火蒸约5分钟后取出，撒葱末，浇少许热植物油即可。

功效 这道菜营养丰富，高蛋白、低脂，还可补锌、补钙，对备孕有益。

番茄炒扇贝

调节糖代谢

材料 扇贝肉200克，番茄150克。

调料 盐3克，葱段、蒜末各10克，料酒适量。

做法

1 扇贝肉洗净，用盐和料酒腌渍5分钟，洗净；番茄洗净，切块。

2 锅置火上，倒入植物油烧至六成热，爆香葱段，放入扇贝肉和番茄块翻炒至熟，加盐，撒蒜末即可。

功效 番茄含有的番茄红素可以保护胰岛细胞，而扇贝中含有丰富的锌、硒，可以促进胰岛素的合成、分泌。二者搭配食用，有助于调节糖代谢，适合糖尿病备孕男女食用。

腰果鲜贝

增强免疫力

材料 扇贝肉150克，熟腰果30克，胡萝卜、黄瓜各100克。

调料 姜片、料酒各5克，盐3克，水淀粉适量。

做法

1 扇贝肉加料酒和盐腌渍，焯熟；胡萝卜、黄瓜洗净，切丁。

2 油锅烧热，爆香姜片，倒入胡萝卜丁炒至八成熟，加入扇贝肉和黄瓜丁煸炒，加盐、熟腰果炒匀，用水淀粉勾芡即可。

功效 扇贝富含蛋白质、锌等，可以提高记忆力，和腰果、胡萝卜、黄瓜搭配食用，营养丰富，可增强备孕男女的免疫力。

苹果 开胃，抗氧化

苹果富含维生素C、膳食纤维、钾、有机酸等，有抗氧化、开胃促食、改善孕吐、提高免疫力等作用。

苹果炒鸡丝 开胃强体

材料 苹果、鸡胸肉各200克。

调料 姜丝、水淀粉、葱末、料酒、盐各适量。

做法

1 苹果洗净，去皮除核，切条；鸡胸肉洗净，切丝，用料酒和水淀粉抓匀，腌渍15分钟。

2 炒锅置火上，倒入适量植物油，待油烧至七成热，放葱末、姜丝炒香，放入鸡丝煸熟。

3 倒入苹果条翻炒1分钟，用盐调味即可。

功效 富含维生素C、膳食纤维的苹果搭配富含蛋白质的鸡胸肉，有增强体力、促进食欲的作用。

蔬果养胃汤

健脾开胃

材料　南瓜、胡萝卜各80克，苹果100克，番茄50克。

调料　盐1克。

做法

1 南瓜、胡萝卜、苹果洗净，去皮切丁；番茄洗净，切丁。

2 起锅热油，放入南瓜丁、胡萝卜丁、番茄丁炒软，加适量水，放入苹果丁，大火煮熟，转中火煮20分钟，加盐调味即可。

功效　南瓜、胡萝卜、苹果、番茄搭配食用，酸甜可口，可健脾开胃、增强食欲。

多纤蔬果汁

缓解便秘

材料　苹果150克，去皮菠萝100克，西芹50克。

调料　盐少许。

做法

1 苹果洗净，去皮除核，切小块；菠萝切小块，放淡盐水中浸泡约15分钟，捞出；西芹择洗干净，切小段。

2 将上述食材放入果汁机里，加入适量饮用水打匀即可。

功效　这款蔬果汁富含膳食纤维、维生素C等，可以促进肠道蠕动、抗氧化，有效缓解便秘症状。

猕猴桃 抗氧化，防衰老

猕猴桃富含叶酸、维生素 C、钾、膳食纤维等，有助于抗氧化、防衰老。此外，它可促进肠胃蠕动，加快毒素从肠道中排出，润燥通便，预防和改善便秘。

鸡蛋水果沙拉 抗氧化，补虚

材料 猕猴桃100克，芒果50克，鸡蛋1个，原味酸奶适量。

做法

1 鸡蛋煮熟，去壳，切小块；猕猴桃洗净，去皮，切丁；芒果洗净，去皮除核，切丁。

2 取盘，放入鸡蛋丁、猕猴桃丁、芒果丁，淋入原味酸奶拌匀即可。

功效 芒果和猕猴桃都富含维生素C、钾、膳食纤维等，有助于抗氧化、防衰老，和鸡蛋、酸奶搭配营养更丰富。

猕猴桃银耳羹

提高免疫力

材料 猕猴桃100克，干银耳5克，莲子10克。

调料 冰糖适量。

做法

1. 猕猴桃去皮，切丁；莲子洗净；银耳用水泡发，去蒂，撕成朵。
2. 锅内放水，加入银耳，大火烧开，加入莲子，转中火熬煮 40 分钟。
3. 加入适量冰糖，倒入猕猴桃丁，搅拌均匀即可。

功效 此羹富含膳食纤维、维生素C、镁等营养素，能够提高免疫力、保护血管健康。

猕猴桃橘汁

利尿降压

材料 猕猴桃、橘子各150克。

调料 蜂蜜适量。

做法

1. 猕猴桃去皮，切小块；橘子去皮除子，切小块。
2. 将上述食材放入果汁机，加入适量饮用水搅打均匀，调入蜂蜜即可。

功效 猕猴桃和橘子都富含维生素C、钾等多种营养素，榨汁饮用能帮助调节血压。

红枣 养血润肤

红枣含铁、钙、维生素 C 和膳食纤维等物质，有调理气血的作用，每天坚持吃几颗，有助于润泽肌肤。

红枣银耳羹 养血护肝

材料 干银耳5克，红枣30克。

调料 冰糖5克。

做法

1 银耳与红枣用温水浸泡 30 分钟，银耳去蒂、撕小朵。

2 锅中加适量清水，倒入银耳，大火煮至银耳发白。

3 加入红枣，继续大火煮 10 分钟后，转小火炖 30 分钟。

4 待银耳变得黏软、红枣味儿开始渗出，加入冰糖煮化即可。

功效 红枣可保护肝脏、养血益气，银耳能滋阴润燥。

花生红枣米糊　补铁补血

材料 大米30克，花生米20克，红枣10克。

做法

1 大米洗净，浸泡2小时；红枣洗净，用温水浸泡30分钟，去核；花生米洗净。

2 将全部食材倒入全自动豆浆机中，加水至上下水位线之间，按下“米糊”键，煮至豆浆机提示米糊做好即可。

功效 红枣含铁和维生素C等物质；花生含蛋白质、烟酸等。二者搭配食用有补铁补血的效果。

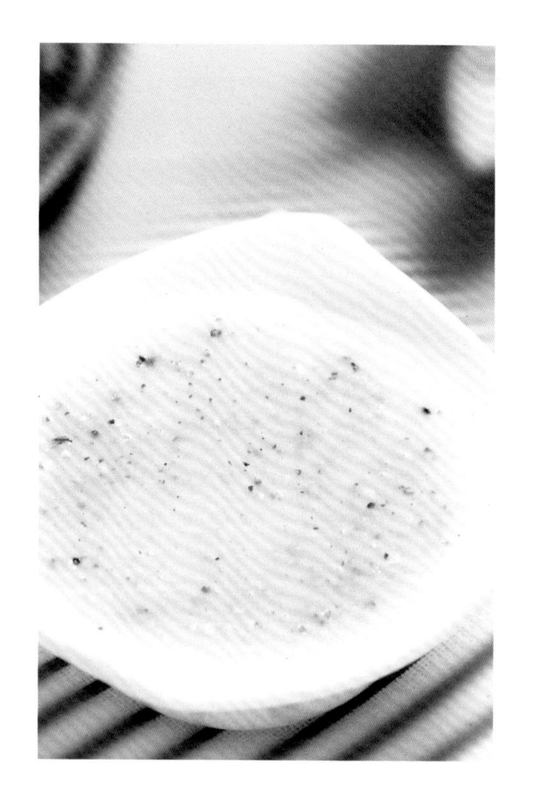

红枣高粱汁　健脾养胃

材料 高粱米60克，红枣10克。

做法

1 高粱米洗净，用清水浸泡2小时；红枣洗净，去核，切碎。

2 将上述食材倒入豆浆机中，加水至上下水位线之间，按下“五谷”键，煮至豆浆机提示做好即可。

功效 高粱米可以补充碳水化合物，搭配红枣食用，可以帮助备孕女性健脾养胃。

香蕉 调脂降压

香蕉有“快乐水果”的美誉。香蕉含有丰富的钾、镁、色氨酸等，钾有控血压作用，镁可以增强精子的活力，色氨酸帮助调节情绪。

香蕉玉米沙拉 降压，促便

材料 香蕉1根，熟玉米粒100克，鸡蛋1个，生菜叶、圣女果、苦菊各50克。

调料 橄榄油5克，盐2克，醋少许。

做法

1. 香蕉剥皮，切小块；生菜叶洗净，撕片；圣女果洗净，切块；苦菊洗净；鸡蛋煮熟，去壳，切小块。
2. 苦菊铺底，加入香蕉块、鸡蛋块、生菜叶、圣女果块和熟玉米粒，倒橄榄油、醋和盐拌匀即可。

功效 香蕉、玉米、生菜叶等含有膳食纤维，能通便解毒，所含钾等对降血压有益。

百合炖香蕉

调节情绪

材料 鲜百合100克，香蕉1根。

调料 冰糖适量。

做法

1 鲜百合洗净；香蕉去皮，切片。

2 炖盅内加适量水，放入百合、香蕉片和冰糖，加盖隔水炖半小时即可。

功效 香蕉富含钾、色氨酸，和百合搭配食用有助于缓解紧张情绪。

香蕉苹果奶昔

安神助眠

材料 香蕉、苹果各150克，牛奶200克。

调料 蜂蜜适量。

做法

1 香蕉去皮，切小块；苹果洗净，去皮除核，切小块。

2 将香蕉块、苹果块和牛奶一起放入果汁机中，加入适量饮用水搅打均匀，加入蜂蜜调匀即可。

功效 这款奶昔富含钾、镁、钙等营养素，有降压、安神的作用。

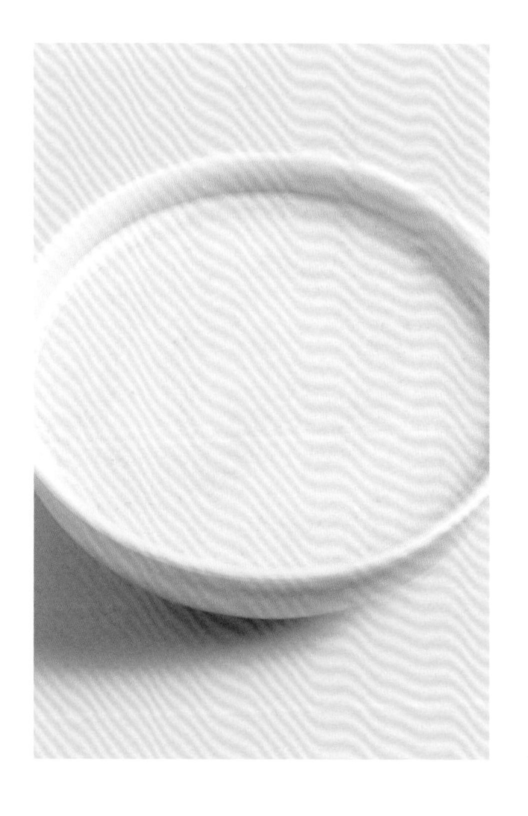

葡萄 抗氧化，控压

葡萄富含葡萄糖、花青素等成分，能防止低血糖、抗衰老。葡萄还富含膳食纤维、钾、维生素C等，可润肠通便、控血压。

葡萄汁浸山药 开胃，通便

材料 葡萄200克，山药100克。

调料 蜂蜜适量，盐少许。

做法

1 葡萄洗净，沥干水分；山药去皮，洗净，切块。

2 将葡萄放入料理机打成汁，倒入碗中备用；蒸锅加水烧开，放入山药块（最好用锡纸盖好），中火蒸10分钟后凉凉。

3 将凉凉的山药块倒入装有葡萄汁的碗里，加蜂蜜、盐调匀，放入冰箱冷藏1小时即可。

功效 葡萄所含葡萄糖、花青素等成分，具有滋补肝肾、养血益气、抗氧化的作用；山药具有补肺、滋肾益精功效。二者同食可开胃促食、润肠通便。

葡萄冰沙

防止低血糖

材料 葡萄、碎冰各 150 克。

调料 蜂蜜适量。

做法

1 葡萄洗净，切成两半，去子。

2 将葡萄果肉、碎冰放入榨汁机中，加入适量饮用水搅打，打好后加入蜂蜜调匀即可。

功效 这道冰沙清凉爽品，且葡萄富含葡萄糖，能有效防止低血糖、缓解疲劳。

葡萄橙汁

促进新陈代谢

材料 葡萄200克，橙子150克。

调料 蜂蜜适量。

做法

1 葡萄洗净，去子，切丁；橙子去皮除子，切丁。

2 将备好的食材放入果汁机中，加适量饮用水搅打成汁，打好后加入蜂蜜调匀即可。

功效 橙子含有丰富的维生素C、钾，葡萄富含花青素、单糖，能促进新陈代谢，增强抵抗力。

橙子 控压降脂

橙子富含维生素 C，可抑制胆固醇转化为胆汁酸，防止胆结石的形成。此外，其所含钾能促进钠排出体外，可控压、调节免疫力。

橙香鱼柳 控压降脂

材料 鱼柳100克，橙子1个。

调料 橄榄油5克，盐、白胡椒粉各2克。

做法

1 鱼柳洗净，切小块，用盐和白胡椒粉腌渍 15 分钟；橙子去皮除子，切小块。

2 锅置火上，倒入橄榄油，将腌好的鱼块煎成金黄色，盛出。

3 将橙块放入料理机内打成汁后倒出；将未打碎的大颗粒去除，将橙汁和细蓉均匀地浇在鱼块上即可。

功效 橙子富含维生素C；鱼柳高蛋白、低脂肪，含钾、镁等矿物质，搭配食用有控压降脂的效果。

木瓜香橙奶 增强免疫力

材料 木瓜150克，橙子100克，牛奶200克。

做法

1 木瓜、橙子分别洗净，去皮除子，切小块。

2 将木瓜块、橙子块倒入榨汁机中，加入牛奶，搅打均匀后倒入杯中即可。

功效 木瓜和橙子都含有丰富的维生素C、胡萝卜素，和富含蛋白质、钙的牛奶搭配，可以增强免疫力。

菠萝橙子酸奶 补钙和维生素 C

材料 菠萝150克，橙子、酸奶各100克。

调料 盐少许。

做法

1 菠萝去皮，切小块，放加了盐的水中浸泡 15 分钟，捞出冲洗；橙子去皮除子，切小块。

2 将上述食材放入榨汁机中，加入酸奶搅打均匀即可。

功效 菠萝和橙子富含维生素C，酸奶富含钙，搭配食用有助于备孕女性补钙和维生素C。

樱桃 促进铁吸收

樱桃含有胡萝卜素、维生素 C、维生素 E、钾等营养成分，有助于抗衰老、抗氧化、促进铁吸收，预防毛细血管破裂引起的出血。

樱桃蔬菜沙拉 促进铁吸收

材料 樱桃200克，苦菊、彩椒各100克，酸奶适量。

做法

1 樱桃洗净，去核；苦菊洗净，切段；彩椒洗净，去蒂，切块。

2 准备好的食材放入盘中，淋上酸奶拌匀即可。

功效 樱桃富含铁、维生素C等成分，可滋养肌肤，抵抗衰老，促进铁吸收；酸奶含有丰富的蛋白质和钙，能帮助消化，强健骨骼。

樱桃银耳粥

滋阴养颜

材料 大米60克，水发银耳50克，樱桃40克。

调料 糖桂花适量。

做法

1 大米淘洗干净，浸泡30分钟；樱桃洗净；水发银耳洗净，撕成小朵。

2 锅置火上，倒入清水大火煮沸，加大米煮开，转小火熬煮10分钟。

3 加入银耳煮20分钟后，再加入樱桃、糖桂花，煮沸即可。

功效 樱桃具有强身健体的功效，和银耳搭配，有助于备孕女性滋阴养颜、强健体魄。

樱桃黄瓜汁

利尿减肥

材料 黄瓜250克，樱桃150克。

做法

1 黄瓜洗净，切小块；樱桃洗净，去核。

2 将黄瓜和樱桃放入榨汁机中，加适量饮用水打成汁即可。

功效 樱桃含较丰富的钾和维生素E，与黄瓜搭配榨汁，可抑制脂肪堆积，有助于利尿减肥。

草莓 排毒降脂

草莓含有丰富的膳食纤维、维生素C、类黄酮等抗氧化物质，有美颜润肤、改善便秘、降低胆固醇等功效。吃过肉食之后，吃些草莓，有助于消脂促食。

草莓柚汁 提高免疫力

材料 草莓150克，柚子肉50克。

做法

1 草莓洗净，去蒂，切小块；柚子肉切小块。

2 将草莓块和柚子块一起放入榨汁机中，加适量饮用水打成汁即可。

功效 柚子富含叶酸、维生素C，和草莓搭配食用能帮助身体吸收铁等营养素，提高备孕期免疫力。

草莓奶盖

补钙，促消化

材料 草莓、牛奶各150克，淡奶油50克。

调料 白糖适量。

做法

1 草莓洗净，去蒂，切几片放在杯壁上，其余切小块。

2 将淡奶油、20克牛奶、白糖放入盆中，打发成细腻奶泡状态，即为奶盖。

3 将草莓块放入榨汁机中，加入100克牛奶搅打均匀后倒入杯中，再倒入剩余牛奶，加入奶盖即可。

功效 牛奶营养丰富，草莓含有膳食纤维和丰富的维生素C等，搭配食用补钙、促消化。

备孕小贴士

打发奶盖的技巧

- 淡奶油打发前最好放冰箱冷藏12小时，能提高打发成功率。
- 打发时，打发器皿下面可以垫一盆冰水，这样能减轻打蛋器摩擦生热而影响打发。
- 打发器皿要保证无水无油，再倒入淡奶油。
- 打发奶盖时，先中速打发至起泡，再换高速打发至细腻奶泡状。打发时间会因奶油品种、打蛋器品种、环境温度等而有所不同，建议根据打发状态自行掌握打发时间。

桑葚 补阴益肾

桑葚含有膳食纤维、维生素 E、维生素 C、苹果酸、芦丁、花青素、钙等营养成分，能补肝、益肾、滋阴，对肝肾阴亏的备孕女性有益。此外，桑葚可改善皮肤和毛发血液供应，营养肌肤，乌发，延缓衰老。

桑葚枸杞饭 补益肝肾

材料 桑葚50克，大米80克，枸杞子10克。

做法

1 桑葚洗净，去蒂；大米淘洗干净，浸泡 30 分钟；枸杞子洗净。

2 把桑葚、大米、枸杞子一同倒入电饭锅中，加入没过两个指腹的清水，盖上锅盖，蒸至电饭锅提示米饭蒸好即可。

功效 桑葚和枸杞子均具有补益肝肾的作用，二者同食补益肝肾的效果更佳。

绿豆桑葚豆浆　养肝排毒

材料 黄豆50克，绿豆15克，桑葚30克。

做法

1 黄豆用清水浸泡8～12小时，洗净；绿豆用清水浸泡2小时，洗净；桑葚洗净，去蒂。

2 将上述食材倒入全自动豆浆机中，加水至上下水位线之间，按下“豆浆”键，直至豆浆机提示豆浆做好，凉至温热即可。

功效 桑葚含有维生素E、维生素C、芦丁等营养成分，能补肝益肾；绿豆可清热解毒，加上黄豆打浆，可以达到养肝排毒的作用。

桑葚黑加仑汁　养肾乌发

材料 桑葚、葡萄、黑加仑各80克。

做法

1 桑葚洗净，去蒂；葡萄洗净，切成两半，去子；黑加仑洗净。

2 将上述食材一起放入榨汁机，加入适量饮用水，搅打均匀即可。

功效 以上三种食材均富含花青素、膳食纤维和维生素C，有养血补血、养肾乌发的作用。

木瓜 养血调脂

木瓜不仅富含碳水化合物、钾、磷、维生素 C、胡萝卜素等，还富含黄酮类成分，有助于调脂、护肝、降血压。

木瓜排骨粥 防贫血

材料 猪排骨、木瓜各200克，大米、香米各30克。

调料 姜片、料酒、盐各适量。

做法

1 木瓜洗净，去皮除子，切小块；猪排骨洗净，切块，焯烫；大米和香米分别洗净。

2 锅置火上，放入排骨块、姜片、料酒和清水，用大火煮沸后转小火煮30 分钟，加入大米和香米，熬煮至粥九成熟时加入木瓜块，用小火煮10 分钟，加盐调味即可。

功效 排骨富含蛋白质、铁、钙等物质，与木瓜一起熬粥，不油腻、易消化，有利于预防贫血。

木瓜鲫鱼汤　润肤，补虚

材料 木瓜200克，鲫鱼300克。

调料 盐2克，料酒10克，葱段、姜片各5克，香菜段少许。

做法

1 木瓜洗净，去皮除子，切片；鲫鱼除去鳃、鳞、内脏，洗净。

2 锅置火上，倒油烧热，放入鲫鱼煎至两面金黄，盛出。

3 将煎好的鲫鱼、木瓜片放入汤煲内，加入葱段、料酒、姜片，倒入适量水大火烧开，转小火煲40分钟，加入盐调味，撒香菜段即可。

功效 木瓜中含有的果酸有护肝降脂作用，鲫鱼含有丰富的蛋白质和钙、镁、磷等矿物质，一起做汤能补虚、滋润皮肤。

木瓜椰汁西米露　养颜瘦身

材料 木瓜150克，西米50克，椰汁200克。

做法

1 木瓜洗净，去皮除子，切丁；西米洗净。

2 将西米煮至透明，捞出沥干；将椰汁倒锅中稍煮，冷却。

3 将煮好的椰汁、西米装入杯中，加入切好的木瓜丁即可。冷藏食用味道更好。

功效 木瓜、西米和椰汁搭配，有养颜瘦身的作用。

核桃 促进大脑发育

核桃含有蛋白质、维生素 B_2、维生素 E、磷脂、钙、磷、铁、多不饱和脂肪酸等营养成分。核桃中的磷脂对脑神经有良好的保健作用，有助于增强大脑功能。

核桃仁炒韭菜 补肾，通便

材料 韭菜200克，核桃仁50克。

调料 盐2克。

做法

1 韭菜洗净，切段；核桃仁浸泡，沥干，放热油锅中翻炒至金黄色，盛出。

2 锅留底油烧热，下韭菜段，炒至断生时加盐炒匀，倒入核桃仁略翻炒即可。

功效 传统观点认为，韭菜温肾助阳，益脾健胃，润肠排毒；核桃补肝益肾。二者搭配，有补肾护肝、润肠通便的功效。

核桃紫米粥

滋养大脑

材料 紫米40克，核桃仁25克，大米30克。

调料 冰糖5克。

做法

1 紫米、大米分别淘洗干净，浸泡4小时；核桃仁洗净，掰碎。

2 锅置火上，加适量清水煮沸，放入紫米、大米，用大火煮沸后转小火，放入核桃仁碎继续熬煮，粥将熟时加冰糖调味即可。

功效 紫米富含花青素、硒、锰等，核桃含有人体必需的不饱和脂肪酸，能滋养脑细胞、增强脑功能。

核桃花生牛奶羹

强身健脑

材料 核桃仁、花生米各50克，牛奶100克。

调料 白糖2克。

做法

1 将核桃仁、花生米炒熟，研碎。

2 锅置火上，倒入牛奶大火煮沸，下入核桃碎、花生米碎稍煮1分钟，加白糖煮化即可。

功效 花生营养丰富，核桃富含多不饱和脂肪酸，一起食用强身健脑。

花生　健脑益智

花生含有膳食纤维、蛋白质、B 族维生素、维生素 E、钙、铁、锌等。适量食用有助于缓解疲劳、健脑益智。

花生红豆糙米粥　通便，强体

材料 糙米、红豆各50克，花生米30克。

做法

1 糙米、红豆和花生米淘洗干净，浸泡 30 分钟。

2 将糙米、红豆和花生米倒入锅中，加水大火煮沸，转小火煮至米烂粥稠即可。

功效 糙米含有丰富的膳食纤维和B族维生素，能补充体力、润肠通便。

蹄筋花生汤

润肤，抗衰

材料 水发牛蹄筋250克，花生米50克。

调料 葱段、姜片各5克，花椒粉2克，盐适量。

做法

1 水发牛蹄筋洗净，切块；花生米洗净。

2 汤锅置火上，倒入适量植物油，待油烧至七成热，放入葱段、姜片、花椒粉炒香。

3 倒入水发牛蹄筋和花生米翻炒均匀，加适量清水煮至牛蹄筋软烂，用盐调味即可。

功效 花生富含抗氧化成分维生素E、硒等，能抗衰老、提高记忆力。常喝此汤能帮助备孕女性润肤、抗衰。

莲子 养心益肾

莲子含有蛋白质、B 族维生素、维生素 C、钙、铁、磷等营养成分，有养心益肾的功用。莲子心所含的生物碱具有一定的降压作用，对高血压备孕男女有帮助。

凉拌莲子猪肚 养心安神

材料 猪肚200克，去心水发莲子80克。

调料 葱末、姜末、蒜末各5克，盐2克。

做法

1 猪肚洗净，内装水发莲子，用线缝合。
2 锅中加适量清水，放装有莲子的猪肚，炖熟。
3 猪肚捞出凉凉，切丝，同莲子装盘，加葱末、姜末、蒜末、盐拌匀即可。

功效 这道菜含蛋白质、锌、B族维生素等，具有养心安神的作用。

银耳莲子羹

补心益肾

材料 去心莲子80克，干银耳5克。

调料 冰糖5克。

做法

1 莲子泡发后用温水洗净，倒入碗中，加入开水没过莲子，上屉蒸40分钟，取出备用。

2 银耳用温水泡软，去根蒂，洗净，撕成朵，上屉蒸熟备用。

3 锅中倒入适量清水，加入冰糖烧沸，撇净浮沫，放入银耳烫一下，将银耳捞入碗中，然后将蒸熟的莲子沥去原汤放碗中即可。

莲子红豆花生粥

促眠安神

材料 红豆、大米各50克，花生米30克，莲子10克。

调料 红糖适量。

做法

1 红豆淘洗干净，浸泡4～6小时；花生米去杂质，洗净，浸泡4小时；莲子洗净，泡软；大米淘洗干净。

2 锅置火上，加适量清水烧开，下入红豆、花生米、大米、莲子，用大火烧开，转小火煮至锅中食材全部熟透，加红糖煮化即可。

功效 红豆富含膳食纤维，莲子有安神清心的作用，加入大米，口感润滑，还有促眠作用。

黑芝麻 养血益精

黑芝麻含有脂肪、维生素 E、钙、磷、铁、B 族维生素、膳食纤维等，有助于备孕期强壮筋骨、养血益精。

黑芝麻拌海带 补铁补碘

材料 鲜海带200克，熟黑芝麻20克。

调料 料酒、蒜泥、香菜末、醋、生抽、白糖、盐各适量。

做法

1 海带洗净，用沸水焯一下，捞出过凉，切丝。

2 海带丝、熟黑芝麻、盐、白糖、生抽、醋、料酒、蒜泥拌匀，撒上香菜末即可。

功效 黑芝麻和海带拌食，爽滑适口，且含有丰富的铁、钾、碘等矿物质和膳食纤维，有助于补铁补碘。

黑芝麻山药泥 固肾益精

材料 山药200克，黑芝麻30克，牛奶50克。

调料 白糖适量。

做法

1 黑芝麻炒熟，用料理机打成粉；山药洗净，放锅中隔水蒸熟，去皮，碾成泥。

2 山药泥中加入牛奶、白糖、黑芝麻粉，朝一个方向拌匀即可。

功效 山药富含淀粉、膳食纤维等，和黑芝麻搭配食用，有固肾益精等作用。

栗子黑芝麻糊 养肝益肾

材料 熟栗子100克，熟黑芝麻50克。

做法

1 熟栗子去壳取肉，切小块。

2 将全部食材倒入全自动豆浆机中，加水至上下水位线之间，按下“米糊”键，煮至豆浆机提示米糊做好即可。

功效 黑芝麻和栗子搭配食用，有补虚强体、养肝益肾的作用，有助于改善脱发、须发早白等现象。

芡实 益肾固精

芡实含有蛋白质、钙、磷、B 族维生素等成分，能调节机体免疫功能，还有收敛、滋养作用。芡实是传统的中药材，有益肾固精、补脾止泻的功效。

山药芡实粥 养精益肾

材料 干山药片、芡实各30克，莲子15克，糯米50克。

做法

1. 糯米淘洗干净，倒入锅中，加适量水、干山药片、芡实、莲子，大火煮开。
2. 转小火继续熬煮至粥熟即可。

功效 山药、芡实、莲子在传统医学中认为有养精益肾的作用，一起煮粥食用有助于辅治遗精，提高男性生育能力。

芡实薏米老鸭汤

清热祛湿

材料 老鸭半只，芡实30克，薏米50克。

调料 盐适量。

做法

1 薏米洗净，浸泡 3 小时；老鸭去毛及内脏，洗净，剁成块。

2 将老鸭放入砂锅内，加适量清水，大火煮沸后加入薏米和芡实，小火炖煮 2 小时，加盐调味即可。

功效 对备孕男女来说，芡实和薏米都是清热祛湿的好食材，搭配老鸭炖汤有滋补作用。

小麦 缓解疲劳

小麦富含碳水化合物和膳食纤维，还含有丰富的维生素 E、维生素 B_1 等。碳水化合物是备孕女性不可缺少的营养物质，是身体主要热量来源，有助于缓解疲劳。

南瓜双色花卷 缓解疲劳

材料 南瓜泥100克，面粉300克，酵母粉3克。

做法

1 酵母粉分两份，分别加温水化开，为南瓜面团和白面面团所用。

2 南瓜泥加一份酵母水和 100 克面粉揉成面团，200 克面粉加另一份酵母水揉成面团，分别醒发。

3 两种面团揉匀，擀大片，刷油，将刷油的一面朝上，摞起对折，切成宽 4 厘米的坯子，每个坯子再切一刀但不切断。

4 取坯子，拧成麻花状，打结做成花卷生坯，醒发 20 分钟，放蒸锅中，大火烧开后转小火蒸 15 分钟关火，3 分钟后取出即可。

三鲜水饺 补虚益肾

材料 面粉300克，鸡蛋1个，韭菜100克，虾仁、水发木耳各30克。

调料 生抽、盐各2克，香油适量。

做法

1 鸡蛋打散，炒熟，盛出备用；虾仁洗净，去虾线，切碎；木耳洗净，切碎；韭菜择洗干净，切碎。将所有食材混匀，加生抽、盐、香油搅匀制成馅料。

2 面粉中加适量清水，和成均匀的面团，下剂，擀成饺子皮，包入馅料，做成水饺生坯。

3 锅中加水烧开，下饺子生坯煮沸，再添3次冷水，至饺子完全熟透，捞出即可。

香菇肉丝面 补血养血

材料 面条、猪里脊各80克，鲜香菇50克。

调料 葱末、姜末各5克，料酒、酱油各8克。

做法

1 香菇洗净，去蒂，切细丝；猪里脊洗净，切细丝。

2 锅置火上，倒油烧热，放入葱末、姜末炒出香味，放入香菇丝和肉丝迅速炒散，见肉色变白时倒入料酒，加入酱油翻炒。

3 倒入适量水烧开，下入面条，煮5～8分钟即可。

功效 香菇含膳食纤维和B族维生素，可控血压、降血脂；猪肉富含铁、蛋白质，可补血。二者搭配补血养血，而且口感好。

大米 滋阴养肾

大米含有淀粉、蛋白质、B 族维生素及钙、铁等营养成分，有助于缓解疲劳、维护皮肤健康。用大米熬粥，最上面一层粥油能增津益气、滋阴养肾。

扬州炒饭 补充体力

材料 米饭150克，净虾仁50克，火腿丁20克，豌豆10克，鸡蛋1个。

调料 葱末5克，盐、淀粉各3克，料酒、胡椒粉各适量。

做法

1 鸡蛋蛋清和蛋黄分离，将蛋黄打散；净虾仁加蛋清、料酒、盐、淀粉拌匀，放油锅中滑熟，盛出，控油。

2 净锅倒油烧热，倒蛋黄液拌炒，加葱末炒香，放米饭、火腿丁、净虾仁、豌豆翻炒，加盐、胡椒粉翻炒均匀即可。

功效 虾仁富含蛋白质、碘、钙、磷等，和米饭、鸡蛋搭配，营养丰富，可补充体力。

南瓜薏米饭　控血糖

材料 薏米40克，南瓜200克，大米50克。

做法

1 南瓜洗净，去皮、去瓤，切丁；薏米洗净，浸泡3小时；大米洗净，浸泡半小时。

2 将大米、薏米、南瓜丁和适量清水放入电饭锅中，按下“煮饭”键，蒸至电饭锅提示米饭蒸好即可。

功效 南瓜中的果胶可延缓糖类吸收，有助于控制餐后血糖上升。

燕麦牛丸粥　提高抵抗力

材料 牛肉馅、燕麦各40克，大米60克，番茄、芹菜各25克，鸡蛋清1个。

调料 香菜段、葱末、姜末、盐各2克，淀粉、香油各5克。

做法

1 番茄洗净，去皮，切丁；芹菜洗净，切末；大米、燕麦分别淘洗干净，浸泡30分钟；牛肉馅加淀粉、鸡蛋清、香油、盐与少许清水拌匀，挤成小肉丸。

2 锅内加适量清水煮沸，放入大米、燕麦煮开，转小火熬煮，放牛肉丸煮熟，加番茄丁、芹菜末、葱末、姜末、香菜段调味即可。

小米 滋阴养血

小米富含蛋白质、碳水化合物、B 族维生素等，可以健脾养胃。此外，小米高钾低钠，具有滋阴养血、控血压的功效。

杂粮馒头 控糖，强体

材料 小米面100克，黄豆面30克，面粉50克，酵母5克。

做法

1 将酵母用温水化开并调匀；小米面、黄豆面、面粉倒入容器中，慢慢加酵母水和适量清水搅拌均匀，揉成表面光滑的面团，醒发 40 分钟。

2 将醒发好的面团搓粗条，切成大小均匀的面剂子，逐个团成圆形，制成馒头生坯，送入烧开的蒸锅蒸 15～20 分钟即可。

功效 小米富含碳水化合物、B族维生素；黄豆面含有丰富的蛋白质、钙、磷等营养物质。二者和面粉一起做馒头食用，有助于补充体力，延缓餐后血糖上升。

二米粥 控血糖，补体力

材料 小米、大米各50克。

做法

1 小米和大米分别洗净，大米浸泡30分钟。

2 锅内放水煮沸，加大米、小米煮至米烂粥稠即可。

功效 小米中的维生素B_1可以参与碳水化合物与脂肪的代谢，能够帮助葡萄糖转变成热量，有助于控血糖、补充体力。

鸡蓉小米羹 滋阴养血

材料 小米100克，鸡胸肉80克，鸡蛋1个。

调料 胡椒粉1克，盐2克，水淀粉适量。

做法

1 鸡胸肉洗净，切小丁，加水淀粉，打入鸡蛋搅匀备用。

2 锅置火上，放少量油烧至七成热，加适量水，放入小米、盐、胡椒粉煮沸，放入鸡丁煮熟即可。

功效 鸡肉和鸡蛋可提供优质蛋白质，小米有利尿消肿、滋阴补虚的作用。这道羹清淡易消化，有助于滋阴养血。

荞麦 控糖降压

荞麦中含有丰富的钾、锰、膳食纤维、维生素 E、烟酸和芦丁，可降血脂、降血压、控血糖、软化血管，促进机体的新陈代谢。

荞麦蒸饺

降脂，益肾

材料 荞麦粉200克，虾仁60克，韭菜100克，鸡蛋1个。

调料 姜末适量，盐、香油各2克。

做法

1. 鸡蛋打散，煎成蛋饼，铲碎；韭菜择洗干净，切末；虾仁洗净，去虾线，切小丁。
2. 将鸡蛋碎、虾仁丁、韭菜末、姜末放入盆中，加盐、香油拌匀制成馅。
3. 荞麦粉放入盆内，用温水和成软硬适中的面团，下剂，擀成饺子皮，包入馅，做成饺子生坯，中火蒸 20 分钟即可。

功效 荞麦含钾、维生素E、烟酸和芦丁，可降血脂、控血压、软化血管，与韭菜搭配，可降脂、益肾。

荞麦凉面

降压，促便

材料 荞麦面150克，柿子椒、彩椒、鲜香菇、绿豆芽各30克。

调料 芝麻酱10克，酱油、白糖各5克，香油、蒜泥各少许。

做法

1 将所有蔬菜洗净，柿子椒、彩椒、香菇切细丝，香菇丝和绿豆芽焯水；将荞麦面煮熟，捞出过凉，沥干。

2 芝麻酱中加入酱油、蒜泥、香油、白糖及少许水，搅拌均匀成酱汁。

3 将面条放入碗中，加入蔬菜，浇上调好的酱汁即可。

功效 荞麦所含烟酸可以促进机体的新陈代谢，和香菇、绿豆芽搭配，有润肠通便、降血压的作用。

荞麦饸饹

养心控压

材料 荞麦粉、面粉各100克，大白菜、胡萝卜、芹菜各30克，紫菜3克。

调料 盐、香油、生抽各2克，高汤适量。

做法

1 面粉和荞麦粉放进容器中，加盐拌匀，加入适量清水和成面团。

2 面团切小块，揉成长圆柱形，逐个放进压面机压成饸饹；大白菜、芹菜择洗干净，大白菜切丝，芹菜切丁；胡萝卜洗净，去皮，切丁。

3 锅内加入适量水，烧开后放入饸饹煮熟，捞出放入碗中。另起锅，将高汤加水煮开，加入生抽、香油、紫菜、胡萝卜丁、芹菜丁、大白菜丝煮沸，将汤汁和菜码倒入饸饹中即可。

玉米 控糖降压

玉米含有钙、谷胱甘肽、钾、镁、硒、维生素E和脂肪酸等，具有较高的营养价值，能促进脑细胞代谢。此外，玉米还含有丰富的膳食纤维，有助于控糖降压。

玉米沙拉 降血压，通便

材料 玉米1根（160克），黄瓜100克，圣女果、胡萝卜各50克，柠檬半个（50克），酸奶100克。

做法

1 玉米洗净，放入锅中煮熟，捞出，放凉，搓粒；胡萝卜、黄瓜洗净，切丁；柠檬、圣女果洗净，切片。

2 将胡萝卜丁、黄瓜丁、圣女果片、柠檬片、玉米粒加入酸奶拌匀即可。

功效 玉米富含钾、膳食纤维，有助于降血压、防便秘。

玉米汁 ※控糖利尿

材料 ※ 玉米300克。

做法 ※

1 新鲜玉米洗净后煮 10 分钟，搓粒。

2 将玉米粒放入豆浆机中，加适量饮用水打成汁即可。

功效 ※ 玉米含有丰富的膳食纤维、钾、玉米黄素等，可以使食物中的糖分在肠道内吸收变得缓慢，延缓餐后血糖上升，还可利尿消肿。

红豆大糙粥 ※减肥瘦身

材料 ※ 玉米糙100克，红豆30克。

做法 ※

1 玉米糙和红豆淘洗干净，用水浸泡 4 小时。

2 锅置火上，倒入适量清水烧开，放入玉米糙和红豆大火煮沸，转小火熬煮至粥稠即可。

功效 ※ 玉米和红豆营养丰富，一起煮粥食用，可促进胃肠蠕动，还能利尿消肿，有减肥瘦身的效果。

土豆 宽肠通便

土豆富含淀粉、钾、维生素C、B族维生素、膳食纤维等，可以促进肠胃蠕动，宽肠通便，利尿消肿。吃了土豆以后应适当减少米面等主食的摄入，这样就不会导致热量摄入超标。

土豆沙拉 强身益肾

材料 土豆150克，胡萝卜、黄瓜、洋葱各30克，鸡蛋1个，酸奶100克。

调料 黑胡椒粉、盐各适量。

做法

1 土豆去皮，洗净，切块，蒸熟；鸡蛋洗净，煮熟，去壳，切丁；胡萝卜、黄瓜、洋葱分别洗净，胡萝卜、黄瓜切片，洋葱切丁，胡萝卜片焯烫备用。

2 将土豆块、鸡蛋丁、胡萝卜片、黄瓜片、洋葱丁放盘中，加入黑胡椒粉、盐、酸奶拌匀即可。

功效 这道沙拉由土豆、胡萝卜、黄瓜、洋葱、鸡蛋等组成，营养丰富，可强身益肾。

醋熘土豆丝

开胃促食

材料 土豆250克。

调料 葱丝、蒜末、盐各3克，干辣椒段、醋各10克。

做法

1 土豆洗净，去皮，切丝，浸泡5分钟。

2 锅内倒油烧热，爆香干辣椒段、葱丝、蒜末，倒土豆丝翻炒，放醋，加盐继续翻炒至熟即可。

功效 土豆富含淀粉及B族维生素、维生素C等。这道菜开胃促食、补充体力。

土豆炖猪肉

补虚强体

材料 猪肉、土豆各200克。

调料 葱段、姜片、料酒、白糖、生抽、老抽各5克，盐、花椒、大料各3克，干辣椒少许。

做法

1 土豆洗净，去皮，切小条；猪肉洗净，放入锅中，加清水没过猪肉，放葱段、姜片、花椒、大料、料酒，大火煮开，转中火煮10分钟，取出，凉凉后切小块。

2 锅中倒油烧热，放葱段、姜片、花椒、大料，再倒入猪肉块，放白糖、盐、生抽、老抽、干辣椒，倒入清水没过猪肉块，烧至猪肉块软烂，倒入土豆条炖熟即可。

山药 健脾益胃

山药含有淀粉酶等，有健脾益胃、助消化的作用，是一味药食两用的补虚佳品。

家常炒山药 健脾补虚

材料 山药200克，胡萝卜100克，水发木耳50克。

调料 葱末、姜丝各5克，香菜段15克，醋10克，盐2克，香油适量。

做法

1 山药去皮洗净，切片；胡萝卜洗净，切片；木耳洗净，撕成小朵。

2 将山药片放入水中，大火煮至微透明时捞起，控干备用。

3 锅置火上，放油烧热，下葱末、姜丝爆香，放入胡萝卜片、木耳煸炒，下山药片，调盐、醋炒匀，撒入香菜段，淋香油，装盘即可。

功效 胡萝卜和木耳含多种维生素和矿物质；山药含有淀粉酶等，可固肾益精。搭配食用有健脾补虚的作用。

蓝莓山药

滋阴养肾

材料 蓝莓酱30克，山药200克。

做法

1 山药洗净，去皮，切条。

2 山药条放锅中，大火蒸熟，取出后过凉，至冷却后装盘。

3 蓝莓酱略加水稀释，淋在山药条上即可。

功效 山药营养丰富，具有健脾开胃、滋阴养肾的功效，是物美价廉的补虚佳品。

山药紫米粥

补血养肾

材料 山药100克，紫米50克，大米30克，葡萄干10克。

调料 冰糖5克。

做法

1 山药洗净，去皮，切块；葡萄干洗净；紫米洗净，浸泡4小时；大米洗净，浸泡30分钟。

2 锅内倒入适量水大火烧开，放山药块、紫米煮沸，加大米，转小火熬煮至粥黏稠，加冰糖、葡萄干继续煮5分钟即可。

功效 紫米富含铁、B族维生素，可养血暖身；山药可养肾益精。二者煮粥可以补血养肾。

红薯 减肥瘦身

红薯含有丰富的膳食纤维、钾、维生素 C 及 B 族维生素，适量食用可润肠通便，减少脂肪堆积，保护肝脏健康。

姜汁薯条 减肥，降压

材料 红薯200克，胡萝卜50克。

调料 姜10克，葱末5克，香油、盐各适量。

做法

1 红薯去皮，洗净，切粗条；胡萝卜去皮，洗净，切条；姜去皮，切末，捣姜汁，加盐、香油调成味汁备用。

2 锅内放入适量水煮沸，放入红薯条、胡萝卜条煮熟，捞出沥水，码入盘中，将味汁淋到红薯条、胡萝卜条上，撒葱末即可。

功效 红薯低脂、高钾，富含膳食纤维，可代替部分米面主食，有助于减肥、降压。

荷香小米蒸红薯 保护心血管

材料 小米70克，红薯200克，荷叶1张。

做法

1 红薯去皮，洗净，切条；小米洗净，浸泡30分钟；荷叶洗净，铺在蒸屉上。

2 将红薯条在小米中滚一下，裹满小米后排入蒸笼中，蒸笼上汽后蒸30分钟即可。

功效 小米可为人体供给热量，维持心脑血管健康；红薯中的胡萝卜素有抗氧化作用，有助于防治动脉粥样硬化，适合有心脑血管健康问题的备孕男女。

玉米面红薯粥 减肥通便

材料 红薯200克，玉米面70克。

做法

1 红薯洗净，去皮，切小块；玉米面用水调成稀糊。

2 将红薯块倒入锅中，加入适量清水，用大火煮沸后转小火煮20分钟，边煮边用勺子轻轻搅动，直至红薯软烂。

3 一边往红薯粥中加入玉米面糊，一边搅动，继续小火煮10分钟至玉米面熟即可。

功效 红薯含有丰富的维生素C，搭配富含膳食纤维的玉米，能润肠通便、减肥控压，适合肥胖的备孕男女。

专题 好环境更有助于成功受孕

好的家居环境不仅对健康有利，还影响受孕及怀孕后胎儿是否能健康成长。因此，计划怀孕的夫妻拥有一个舒适的家居生活环境很重要。

空气要清新

备孕夫妻不适宜在新装修的房子里居住，最好通风3个月以上。装修和购买家具时要选择合格的环保产品。要注意室内通风，保持居室内空气清新。

房间布局要合理

房间的整体布局要以舒适为原则，空间不一定很大，但要合理规划。可以选择环保材料进行装饰。室内光线、颜色要适中，明亮、柔和的氛围更有助于身心健康。房间要收拾得干净、整洁。心情愉悦，感情也会更好，从而有利于孕育宝宝。

尽量在家中受孕

受孕最好在家中进行，因为家里比较安静，夫妻对家庭环境又比较熟悉，能够更加放松，有利于优生优育。

备孕小贴士

避开黑色受孕时间

- **蜜月期：**新婚前后，男女双方都为婚事操办、礼节应酬等而奔波劳累，会降低精子和卵子的质量，还会影响精子和卵子在子宫内的着床环境，不利于优生优育。
- **旅途中：**旅行途中颠簸劳累，生活饮食没有规律，睡眠不够，大脑处于兴奋状态，会影响受孕。
- **饮酒后：**如果女性饮了较多的酒，最好在停止饮用1个月后再受孕，否则酒精会对生殖细胞造成损害，从而影响胎儿的正常发育。如果男性饮酒，建议完全戒酒后3个月再准备受孕，因为在酒精的影响下，男性精液质量会下降，从而增加胚胎发育不良或致畸的风险。需要注意的是，女性每个月最容易受孕的时间仅仅为排卵前1~3天及排卵后1~3天，正确掌握女性易孕期是夫妻生育的关键。

第三章

备孕女性
特殊护理家常菜

消瘦女性

身体消瘦的女性在备孕时要适当增加体重，过于消瘦会影响内分泌，不利于正常排卵。为了胚胎的健康发育，备孕期的女性应将体重维持在正常范围，平时要多吃富含优质蛋白质和维生素的食物，同时要避免节食减肥，使身体维持正常的热量摄入。

四喜黄豆

补充蛋白质

材料：黄豆120克，青豆、胡萝卜、莲子、猪瘦肉各30克。

调料：盐、白糖各3克，料酒、水淀粉各适量。

做法：

1 所有材料分别洗净，猪瘦肉切末；胡萝卜去皮切丁；黄豆用清水浸泡2小时，煮熟备用；莲子煮熟。

2 瘦肉丁中加适量盐、料酒、水淀粉腌好。

3 锅置火上，放油烧热，倒入瘦肉末炒散，再加入黄豆、青豆、胡萝卜丁和莲子翻炒。

4 将熟时，加入盐、白糖调味，用水淀粉勾芡即可。

功效：黄豆是优质蛋白质的良好来源，搭配猪瘦肉、青豆、胡萝卜，可提高蛋白质在人体的吸收利用率。

咖喱牛肉盖浇饭 ⁙增强体力

材料 ⁙ 大米100克，牛肉、土豆各80克，胡萝卜50克。

调料 ⁙ 咖喱粉10克，蒜末、姜片、葱末各5克，盐2克，料酒、水淀粉各适量。

做法 ⁙

1 牛肉洗净，切块，放沸水中煮熟，捞出；大米洗净，煮成米饭；土豆、胡萝卜洗净，去皮，切丁。

2 锅中倒油烧热，爆香蒜末、姜片，倒入牛肉块翻炒，加料酒，再倒土豆丁和胡萝卜丁翻炒，加咖喱粉和盐炒匀，加清水煮开，转中火炖至汤汁变稠，用水淀粉勾芡，撒上葱末。

3 米饭装盘，淋咖喱牛肉即可。

牛油果金枪鱼沙拉 ⁙健脑补虚

材料 ⁙ 菠菜100克，牛油果、金枪鱼罐头、土豆各50克。

调料 ⁙ 盐2克，醋少许。

做法 ⁙

1 菠菜洗净，焯水，捞出后切段；牛油果取果肉，切片；金枪鱼切小块；土豆洗净，去皮，切小块，放入锅中蒸熟，凉凉备用。

2 上述食材中加入盐、醋拌匀即可。

功效 ⁙ 这道沙拉以蔬果为主，搭配金枪鱼，既控制了热量摄入，又保证了碳水化合物和优质蛋白质的摄入。

肥胖女性

肥胖不仅是每一位追求苗条身材女性的心头大患，还会影响怀孕。很多胖姑娘都有爱吃甜腻食品、不爱运动、进食量过大等习惯，这些习惯会导致体内脂肪堆积过多，造成脂肪代谢和糖代谢障碍，进而影响体内雌激素的分泌，最终导致月经不调，不利于受孕。

什锦土豆泥

减脂瘦身

材料 土豆200克，胡萝卜、玉米粒、豌豆各20克。

调料 蒜末3克，橄榄油5克，胡椒粉、盐各1克。

做法

1. 胡萝卜洗净切丁；玉米粒、豌豆洗净备用。
2. 土豆洗净，去皮，切块，放入蒸锅蒸熟，碾成泥备用。
3. 平底锅加热，倒入橄榄油，放入蒜末炒香，加入准备好的食材（除土豆泥）翻炒3分钟，放入胡椒粉，关火，加入土豆泥、盐，用余温将土豆泥炒拌均匀即可。

功效 土豆不仅饱腹感强，而且营养价值高，高钾低钠，富含膳食纤维。搭配胡萝卜、玉米、豌豆，有减脂瘦身作用。

丝瓜魔芋汤

⁙减肥利尿

材料 ⁙ 丝瓜200克，魔芋豆腐、绿豆芽各100克。

调料 ⁙ 盐适量。

做法 ⁙

1 丝瓜洗净去皮，切块；绿豆芽洗净；魔芋豆腐用热水泡洗，切片。

2 锅内倒入清水烧开，放入丝瓜块、魔芋豆腐片，煮10分钟左右，放入绿豆芽稍煮，出锅前加盐调味即可。

功效 ⁙ 丝瓜、魔芋豆腐和绿豆芽搭配，饱腹感强，有利于减肥，还可清热利尿。

猕猴桃绿茶

⁙减肥美白

材料 ⁙ 猕猴桃100克，绿茶5克。

调料 ⁙ 柠檬汁少许。

做法 ⁙

1 猕猴桃对半切开，用小勺挖出果肉。

2 将所有食材放入榨汁机中，加入适量饮用水和少许柠檬汁搅打成汁即可。

功效 ⁙ 猕猴桃富含多种酶，绿茶含有儿茶素，二者搭配可以促进脂肪燃烧。此外，猕猴桃富含的维生素C和绿茶中的儿茶素都有美白、抗氧化等功效。

贫血女性

贫血是指全身循环血液中血红蛋白总量减少至正常标准值以下。造成贫血的原因有营养不良、缺铁、出血、溶血、造血功能障碍等。孕期贫血会使孕妈妈发生贫血性心脏病、产后出血、产后感染、心力衰竭等。而且胎儿也会发育迟缓，出现自然流产或早产等。新生儿有可能会营养不良。因此，贫血女性一定要多加注意，在贫血得到治疗、各种指标达到或接近正常值时再怀孕，怀孕后还要定期检查，继续防治贫血。

菠菜炒猪肝

补铁补血

材料 猪肝100克，菠菜250克。

调料 盐、蒜末、姜丝、葱花、料酒、酱油、水淀粉各适量。

做法

1 猪肝切片，用凉水冲洗干净；菠菜洗净，切小段，沥干水分。

2 锅置火上，倒入适量清水烧开，将猪肝片焯烫至八成熟后，捞起沥干备用。

3 炒锅置火上，倒入植物油烧热，爆香蒜末、姜丝、葱花，倒入菠菜段略炒。

4 加入猪肝片，倒少许料酒、酱油，调入盐、水淀粉略炒即可。

功效 菠菜含叶酸、胡萝卜素、铁等，和富含铁和维生素A的猪肝炒食，有补铁补血的效果。

香菇肉丝盖浇饭 ⁙预防贫血

材料 ⁙ 米饭 200 克，猪里脊 100 克，鲜香菇 50 克。

调料 ⁙ 葱花、姜末各 5 克，料酒、酱油各10 克。

做法 ⁙

1 香菇洗净，去蒂，切细丝；猪里脊洗净，切细丝。

2 锅置火上，倒油烧热，放入葱花、姜末炒出香味，放入香菇丝和里脊丝迅速炒散，至肉色变白时倒入料酒、酱油，炒熟后起锅浇在米饭上即可。

功效 ⁙ 香菇含有香菇多糖，搭配富含铁的猪肉做成盖浇饭，可补充热量、预防贫血。

桂圆桑茄汁 ⁙补血安神

材料 ⁙ 桂圆、番茄各100克，桑葚50克。

调料 ⁙ 蜂蜜适量。

做法 ⁙

1 桑葚洗净，去蒂；桂圆洗净，取肉；番茄洗净，用沸水烫一下，去皮，切丁。

2 将上述食材放入榨汁机中，加入适量饮用水搅打均匀，加入蜂蜜调匀即可。

功效 ⁙ 传统医学认为桂圆补血安神；桑葚补血滋阴、生津润燥；番茄富含番茄红素，抗氧化、防衰老。

高血压女性

有高血压或血压偏高的备孕女性，首先要经医生检查血压高的原因，排除由于肾脏病或内分泌疾病引起的高血压。只要没有明显血管病变的早期高血压患者，一般都允许怀孕。在备孕期间，血压不是很高的情况下，可通过低盐、高钙、高钾、高膳食纤维饮食，适量运动，调节情绪等方式来控制血压，避免过度劳累及睡眠不足。

薏米燕麦红豆粥 ⁙补血控压

材料 ⁙ 薏米、燕麦各40克，红豆30克，大米20克。

调料 ⁙ 冰糖5克。

做法 ⁙

1. 薏米、燕麦、红豆、大米分别淘洗干净，薏米、红豆、燕麦用水浸泡4小时，大米用水浸泡30分钟。
2. 锅置火上，加适量清水烧沸，放入薏米、红豆、燕麦，大火煮沸20分钟，再加入大米熬煮成粥，加入冰糖，小火煮至冰糖化即可。

功效 ⁙ 这道粥富含膳食纤维、B族维生素、钾、钙等，有补血控压、清热利湿的作用。

玉米苹果沙拉

⁙控血压，通便

材料 ⁙ 苹果、熟玉米粒各100克，柠檬半个（50克），酸奶50克。

调料 ⁙ 盐少许。

做法 ⁙

1 柠檬挤汁；苹果洗净，去皮除核，切丁，放入加盐和柠檬汁的冰水中浸泡 3~5 分钟，沥干备用。

2 将苹果丁、熟玉米粒一起搅拌均匀，淋上酸奶即可。

功效 ⁙ 玉米含有丰富的膳食纤维，苹果含钾丰富，二者搭配做成沙拉，可辅治高血压、便秘。

血脂异常女性

备孕时，女性要注意是否存在血脂异常。血脂异常的孕妇发生妊娠期糖尿病概率增高，且血脂异常产妇出现羊水过多、胎儿宫内窘迫的概率也明显增大。建议患有血脂异常的女性孕前做详细的产前检查，如肝功能、体质指数评价等，医生会根据检查结果指导患者饮食和运动。

玉米面发糕

降血脂

材料：面粉200克，玉米面80克，无核红枣30克，葡萄干15克，干酵母4克。

做法：

1 干酵母加水化开，加面粉和玉米面揉成团，醒发，搓条，分割成剂子，将剂子分别搓圆按扁，擀成圆饼。

2 面饼放蒸屉上，撒红枣，将第二张擀好的面饼覆盖在第一层上，再撒一层红枣，将最后一张面饼放在最上层，分别摆红枣和葡萄干制成发糕生坯。

3 生坯放蒸锅中，醒发 1 小时，大火烧开，转中火蒸 25 分钟即可。

功效：这道主食粗细粮搭配，可以帮助血脂异常的备孕女性降血脂。

蜂蜜柚子茶

⁙降脂美容

材料 ⁙ 柚子1个，蜂蜜20克。

做法 ⁙

1 柚子洗净，剥出果肉，去除薄皮及子，用勺子捣碎。

2 将柚子皮、果肉放入锅中，加水同煮，煮沸后转小火，不停搅拌，熬制黏稠、柚皮金黄透亮。

3 待柚子汤汁冷却，放蜂蜜搅匀，装入空瓶中，放冰箱冷藏，食用时取适量用温水冲调即可。

功效 ⁙ 柚子富含钾、低钠，搭配蜂蜜食用，可缓解疲劳、润肠通便、降脂美容，适合便秘、血脂异常的备孕女性食用。

糖尿病女性

糖尿病是遗传和环境因素相互作用诱发的。如果糖尿病没有得到控制就妊娠，对孕妇和胎儿都有潜在危险。糖尿病一般在孕早期对孕妈妈及胎儿影响较大，所以多数医生建议至少在糖尿病得到良好控制 3 个月之后再怀孕。饮食上要注意避免摄入过多糖分，含糖量较高的水果如香蕉、荔枝、芒果等要慎重食用。此外，要保证膳食纤维、蛋白质、维生素、钙和铁的摄入。

白菜心拌海蜇

调脂降压

材料 大白菜心250克，海蜇皮100克。

调料 蒜泥、盐、醋、香菜段各适量，香油2克。

做法

1. 海蜇皮放冷水中浸泡 3 小时，洗净，切细丝；大白菜心洗净，切丝。
2. 海蜇皮丝和大白菜丝一同放入盛器中，加蒜泥、盐、醋、香油拌匀，撒上香菜段即可。

功效 大白菜和海蜇都富含膳食纤维和钾，搭配食用不易增加体重及升高餐后血糖，对备孕女性有不错的调脂降压、促便作用。

虾仁油菜

补充优质蛋白质

材料 油菜300克，虾仁80克。

调料 蒜末5克，盐2克，料酒适量，香油少许。

做法

1. 油菜洗净，焯烫，控干，切长段；虾仁洗净，加料酒腌渍 5 分钟。
2. 油锅烧热，爆香蒜末，倒虾仁炒至变色，放油菜段翻炒，加盐、香油炒熟即可。

功效 这道菜含有优质蛋白质、维生素C，能够提高机体对胰岛素的敏感性，还能帮助糖尿病女性补充优质蛋白质。

月经不调女性

很多女性不能成功怀孕，跟月经不调或闭经有关系。月经不调的女性想要预测排卵期相当困难，不排卵的概率也比常人高。月经不调可能由多囊卵巢综合征等常见妇科疾病引起，这些疾病可能会造成不孕，需要检查治疗后再怀孕。

当月经的周期、持续时间、出血总量、经血颜色异常时，应到医院接受检查。如果因月经推迟演变成闭经而导致不孕者，需要接受较长时间的治疗。因此，正在备孕的女性一定要注意，要养成良好的生活习惯，少吃甜腻的食物，每天坚持适量运动，把出轨的“大姨妈”找回来。

乌梅玫瑰花茶

滋阴益气

材料：乌梅20克，干山楂8克，玫瑰花6朵，陈皮6克，甘草3克。

调料：蜂蜜适量。

做法：

1 将干山楂、乌梅、陈皮洗净，与玫瑰花、甘草放入锅中，倒入适量清水，大火烧沸后转小火熬煮约15分钟。

2 关火后凉至温热，加入蜂蜜即可。

功效：乌梅具有生津止咳、敛肺的功效；山楂、陈皮具有健胃消食、理气化湿的功效；甘草的甜味可以调和乌梅的酸味；玫瑰花可以行气解郁。它们搭配饮用可缓解备孕女性月经不调。

山楂大米豆浆

活血化瘀

材料 黄豆50克，山楂25克，大米20克。

调料 白糖5克。

做法

1 黄豆用清水浸泡10~12小时，洗净；大米洗净；山楂洗净，去核。

2 将黄豆、大米、山楂一同倒入豆浆机中，加水至上下水位线之间，按下“豆浆”键，煮至豆浆机提示做好，加入白糖调味即可。

功效 这款豆浆具有活血化瘀的作用，尤其适合血瘀型痛经及月经不调的备孕女性饮用，可以帮助缓解经期不适。

专家提醒

非病理性月经不调注意生活小细节就能调理好

1 熬夜、过度劳累、生活不规律都会导致月经不调。只要纠正这些不良习惯，月经就可能恢复正常。

2 经期不要冒雨涉水、洗冷水澡、吃冷饮等，无论何时都要避免小腹受寒。

3 如果月经不调是由于遭受挫折、压力大造成的，那么，必须要调整好自己的心态。

4 经期不宜长时间吹电风扇纳凉，也不宜长时间坐卧在风大的地方，更不能直接坐卧在地板上，以免受寒。

5 经期不宜有性行为，否则，容易让外部细菌进入体内，引起阴道及盆腔感染。

专题 备孕一定要呵护好卵巢

卵巢为女性的主要性腺器官，主要功能为排卵和分泌性激素，是产生“种子”的地方，卵巢分泌的激素，就相当于种子的养料，若养料不足，种子就长不好。细心呵护卵巢这座花园，调理卵巢环境，有助于提高卵子质量，增加受孕概率。

正常女性的卵巢功能在 45 ~ 50 岁开始衰退。如果女性在 40 岁以前就出现绝经，称为卵巢功能早衰。卵巢功能早衰可能与自身免疫因素、遗传因素、染色体异常、病毒感染以及物理化学因素，如辐射、放疗、化疗、药物等相关。另外，临床观察发现，卵巢功能早衰还与减肥不当、多次人流、压力过大及不良生活习惯有关。卵巢功能早衰对于女性的伤害很大，会造成皮肤粗糙暗淡、皱纹变多、内分泌紊乱、更年期提前等。

尽量少熬夜，因为长期熬夜直接耗损女性经血，影响卵巢功能。建议每晚睡足 7 ~ 8 小时，睡眠不足的人可以在中午睡半小时。

久坐不动可导致“卵巢缺氧”，久坐族每小时起来活动一下，每天保证散步或遛弯总时间不少于 1 小时。

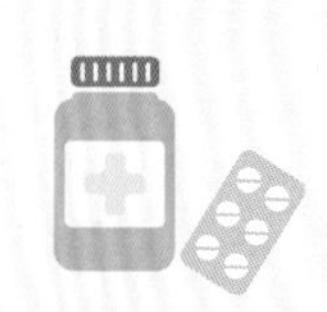

有的女性为了避孕，滥服避孕药，久而久之会影响卵巢的功能。

可适当多吃一些富含优质蛋白质、B 族维生素、叶酸、铁、钙等的食物，如鸡蛋、鱼虾、牛奶、大豆及其制品，新鲜蔬果（富含黄酮成分的洋葱、苹果、柑橘类水果有助于预防卵巢癌）、蘑菇、木耳、海带、紫菜等。另外，经期经血会带走身体中的铁，因此应多吃动物内脏、牛肉等，能让卵巢更健康。

第四章

备孕男性

特殊护理家常菜

肥胖男性

男性肥胖会影响生育能力。因为脂肪增多会使健康的精子数量减少。精子是在低于体温 0.5~1℃的环境下生成的，肥胖的人体温较高，从而影响精子生成。另外，肥胖影响激素分泌，进而影响精子的数量和质量，使生育能力降低。因此，男性应该注意体重管理，将体重控制在合理范围内。

木耳拌黄瓜

控糖减脂

材料 水发木耳、黄瓜各150克。

调料 醋、橄榄油各适量，盐2克。

做法

1. 水发木耳洗净，入沸水中焯透，捞出，沥干水分，凉凉，切丝；黄瓜洗净，切丝。
2. 取小碗，放入醋、盐、橄榄油搅拌均匀，制成味汁。
3. 取盘，放入黄瓜丝和木耳丝，淋入味汁拌匀即可。

功效 黄瓜有很好的充饥作用；木耳含有木耳多糖及膳食纤维，能够改善肥胖男性胰岛的分泌功能。

豆芽椒丝

瘦身消肿

材料 红彩椒、柿子椒各50克，绿豆芽200克。

调料 白糖、盐、醋各适量。

做法

1 绿豆芽择洗干净，入沸水中焯透，捞出，沥干水分，凉凉；红彩椒、柿子椒洗净，去蒂除子，切丝。

2 将绿豆芽、红彩椒丝、柿子椒丝一起放入盘中，加盐、醋、白糖拌匀即可。

功效 绿豆芽中含有丰富的膳食纤维，能有效缓解便秘。彩椒富含维生素C，与绿豆芽一起食用可清热排毒、瘦身消肿。

专家提醒

注意少精、弱精

少精、弱精往往会被患者忽视，可能备孕夫妻在婚检和孕检时，男方的精子数量基本趋于正常，但在备孕过程中，由于各种不良因素而影响了精子的数量。少精、弱精不仅会影响女性受孕，还会导致胚胎质量不好，出现流产、死胎、胎儿畸形、早产等。

血脂异常男性

血脂异常的男性有可能因内分泌紊乱而影响精子的数量、活力、浓度和形态，不利于备孕。90% 以上的血脂异常与不健康的生活方式有关，其中饮食与血脂的关系非常密切，调控饮食对于预防和改善血脂异常具有重要意义。

海蜇皮拌绿豆芽

降脂减肥

材料 海蜇皮150克，绿豆芽、胡萝卜各100克。

调料 葱末、醋、香油各5克。

做法

1. 海蜇皮洗净，切长条，焯水后捞出；绿豆芽洗净；胡萝卜洗净，去皮，切丝。
2. 锅中放适量清水，大火煮沸后分别放入绿豆芽、胡萝卜丝焯水，过凉，沥干备用。
3. 将海蜇皮条、绿豆芽、胡萝卜丝放入盘中，加入葱末、醋、香油拌匀即可。

功效 绿豆芽富含膳食纤维和维生素C，可以与食物中的胆固醇结合，并将其排出体外，从而降低备孕男性的胆固醇水平。

腐竹炒黄瓜

降血脂

材料 黄瓜200克，水发腐竹100克。

调料 盐2克，葱末、姜末各5克。

做法

1 将腐竹切段；黄瓜洗净，切成柳叶形。

2 锅内倒油烧至七成热，放入葱末、姜末爆炒出香味，放入腐竹段、黄瓜片翻炒，加盐调味即可。

功效 黄瓜不仅热量低，还能抑制碳水化合物转化为脂肪，和富含蛋白质的腐竹一起食用，可有效降血脂。

专家提醒

查血脂有哪些指标（毫摩 / 升）

TC 总胆固醇：低点好（< 5.2）

TG 甘油三酯：低点好（<1.70）

LDL-C 低密度脂蛋白胆固醇（坏胆固醇）：低点好（< 3.4）

HDL-C 高密度脂蛋白胆固醇（好胆固醇）：高点好（≥ 1.04）

高血压男性

高血压对男性生育有着不良影响，会出现性功能障碍，主要表现为勃起功能下降、勃起时间降低、射精困难和性欲下降等。因此，高血压男性在备孕期间，应告知医生，尽量避免使用对性功能和精子质量有影响的降压药物。同时，通过保持健康的饮食和生活方式来降血压、改善性功能，如低盐低脂饮食、戒烟酒、适当运动等。

芹菜拌腐竹

补钙，降压

材料 芹菜150克，水发腐竹100克。

调料 香菜末、蒜末各10克，盐2克，香油少许。

做法

1 芹菜择洗干净，焯烫，捞出沥干，切段；腐竹洗净，切段，用沸水快速焯烫，捞出，沥干水分。

2 取小碗，加盐、蒜末、香菜末、香油搅拌均匀，调成味汁。

3 取盘，放入芹菜段、腐竹段，淋上味汁拌匀即可。

功效 芹菜中的钾可帮助排出体内的钠，对降血压有利；腐竹富含维生素E，有助于防止动脉粥样硬化、抑制血栓形成，对高血压男性有益。

绿豆芹菜羹

利尿降压

材料 绿豆、芹菜各100克。

调料 盐1克，水淀粉、香油各适量。

做法

1 绿豆去杂质，洗净，用清水浸泡3～4小时；芹菜择洗干净，切小段。

2 将绿豆和芹菜段放入搅拌机中打成泥。

3 锅置火上，加适量清水烧开，倒入绿豆芹菜泥搅匀，煮沸后用盐调味，用水淀粉勾芡，淋入香油即可。

功效 芹菜含芦丁和钾，绿豆富含钾，二者搭配做汤可以帮助高血压男性利尿降压。

专家提醒

偶尔吃咸了要多喝水、多吃蔬果来补救

如果吃咸了，细胞内的水分会减少，引起口渴，这时要多喝白开水，补充细胞内的水分，也可以喝柠檬水，但是不要喝含糖饮料，因为过多的糖分反而会加重口渴。

蔬菜中钾的含量较高，比如冬瓜、黄瓜等，可以促进盐分排出。梨、苹果等水果含钾量也较高，可以适当多吃一些，有利于排钠。

吸烟男性

吸烟的危害不仅是对呼吸系统，吸烟还容易造成精子畸形，引起胎儿畸形等。

长期吸烟的男性只要在孕前半年将烟戒掉，使身体内的毒素清除掉，也是可以生出优质宝宝的。

川贝雪梨粥

除烦止咳

材料 糯米100克，雪梨1个，川贝5克。

调料 蜂蜜5克。

做法

1. 雪梨洗净，去皮除核，切片；糯米洗净，用水浸泡 4 小时。
2. 锅置火上，倒入适量清水煮沸，加入糯米大火煮沸，转小火熬煮至黏稠。
3. 放入梨片、川贝用小火熬煮 20 分钟，凉至温热，淋上蜂蜜即可。

功效 雪梨可清热祛燥、化痰止咳，适用于备孕男性吸烟引起的喉咙干痒、痰稠等症状。

牡蛎萝卜汤

止咳化痰

材料 白萝卜200克，牡蛎肉50克。

调料 葱丝、姜丝各10克，盐2克，香油少许。

做法

1 白萝卜去根须，洗净，去皮，切丝；牡蛎肉洗净泥沙。

2 锅置火上，加适量清水烧沸，倒入白萝卜丝煮至九成熟，放入牡蛎肉、葱丝、姜丝煮至白萝卜丝熟透，用盐调味，淋上香油即可。

功效 牡蛎富含锌、蛋白质，白萝卜含芥子油、淀粉酶和膳食纤维，搭配食用具有促进消化、增强食欲、止咳化痰的作用。

百合荸荠粥

润肺止咳

材料 糯米100克，荸荠25克，鲜百合50克，枸杞子5克。

调料 冰糖5克。

做法

1 鲜百合洗净；荸荠去皮，洗净，切片；糯米洗净，用水泡 4 小时；枸杞子洗净。

2 锅置火上，倒入清水大火烧开，加糯米煮沸，转小火熬煮 30 分钟，放荸荠片煮熟，放鲜百合和枸杞子煮 5 分钟，用冰糖调味即可。

功效 百合可养心安神，润肺止咳；荸荠有一定的降压作用。二者搭配煮粥适合吸烟男性食用。

饮酒男性

自古以来人们就知道醉后行房不利生育，更不利优生优育。现代科学研究证明，酒精对于男性和女性的生殖细胞及生殖能力都有不利影响。有动物研究显示，随着酒精剂量的增加，小鼠阴茎勃起的次数逐渐受到抑制；给大鼠长期饲喂酒精，其性能力受到明显影响，生育力也明显下降。对于人类来说也是如此，酗酒造成睾丸内的氧化应激水平上升，导致生殖系统损伤，精子的成活率下降，有问题的精子数目增加，从而导致胎儿致畸率增加。所以，不要以为备孕期只是女性需要限酒，男性同样需要限酒，并至少提前 3 个月，以保证生殖系统的恢复和生殖细胞的健康。

纳豆沙拉　护肝益肾

材料　纳豆100克，玉米粒、豌豆各30克，黄瓜50克。

调料　生抽、芥末、盐、橄榄油各适量。

做法

1 纳豆搅拌后，放几分钟。

2 黄瓜洗净切丁；玉米粒、豌豆洗净，用沸水煮熟。

3 将纳豆、黄瓜丁、豌豆和玉米粒放入沙拉碗中，加生抽、芥末、盐和橄榄油搅拌均匀即可。

功效　纳豆中的纳豆激酶能缓解备孕男性醉酒症状，减轻酒精对肝脏的损伤，降低酒精性脂肪肝的发生率。

金橘柠檬奶茶

消食醒酒

材料 牛奶200克，金橘、柠檬各30克，红茶5克。

调料 白糖5克。

做法

1 金橘去皮，分瓣，除子；柠檬洗净，去皮除子，切小块。

2 将上述食材放入榨汁机中，加适量饮用水搅打均匀，倒入空杯中备用。

3 锅置火上，烧微热时倒入白糖，小火加热至焦糖色，倒入牛奶和红茶，中小火慢慢搅拌，使茶味充分煮出。

4 当奶茶表面出现小气泡时关火，滤掉茶叶，倒入装有金橘柠檬的杯中即可。

百合炖雪梨

利尿润燥

材料 雪梨250克，干百合10克。

调料 冰糖适量。

做法

1 冰糖加水小火煮 10 分钟至沸。

2 干百合洗净，用清水浸 30 分钟，放沸水中焯 3 分钟，捞出沥干。

3 雪梨洗净，去核，连皮切块。

4 将雪梨块、百合、冰糖水放入锅中小火煮 1 小时。

功效 雪梨富含果胶，有助消化、通便的作用；百合有滋阴润肺、利尿安神的作用。二者同食可帮助饮酒男性利尿，排出酒精代谢产物。

压力大男性

很多男性的工作强度高、节奏快、压力大，从而导致身体健康状况不佳，生育能力也受到了影响。长时间熬夜加班，作息不规律，也会导致夫妻性生活不和谐。为了下一代的健康，从事高强度工作，特别是感觉压力大的男性在备孕期要及时做出调整，保持良好的身心状态。

桃仁菠菜

健脑益智

材料 菠菜300克，核桃仁30克，枸杞子5克。

调料 白糖、盐各3克，芝麻酱、生抽、醋各10克，香油少许。

做法

1 菠菜洗净，焯烫15秒，捞出过凉，切段。

2 芝麻酱放入碗中，加入生抽、醋、白糖、盐、香油调匀制成酱汁。

3 菠菜段中加入酱汁，撒核桃仁和枸杞子即可。

功效 菠菜可以通便排毒，核桃可以健脑益智，这道菜尤其适合高强度用脑的备孕男性食用。

枸杞羊肾粥

补肾益精

材料 净枸杞叶250克，羊肾50克，羊肉、大米各80克，枸杞子3克。

调料 葱白段20克，盐少许。

做法

1 羊肾剖洗干净，去内膜，切片；羊肉洗净，切碎；大米洗净；枸杞叶煎汁去渣。

2 将煎汁加羊肉碎、羊肾片、葱白段、大米、枸杞子和适量沸水煮开，待粥熟后，加入盐调味即可。

功效 这款粥具有补肾气、益精髓的功效，适用于肾虚劳损、腰膝酸软、肾虚阳痿等症。

鲜枣紫米汁

缓解压力

材料 紫米60克，鲜枣15克。

做法

1 紫米淘洗干净，用清水浸泡 2 小时；鲜枣洗净，去核，切碎。

2 将上述食材倒入豆浆机中，加水至上下水位线之间，按下“五谷”键，煮至豆浆机提示做好即可。

功效 鲜枣含有维生素C，紫米含有B族维生素，二者搭配可帮助备孕男性缓解压力。

专题 远离不良生活习惯

备孕的这段时间，从事高强度工作的男性可以通过生活或者工作上的乐趣，适当放松身心，保持愉快的心情。同时，还要远离不良的生活习惯，努力做好备孕工作。

不要经常洗桑拿

桑拿浴能够促进血液循环，使全身肌肉得到放松。因此，不少男性喜欢洗桑拿，以解除疲劳。然而频繁洗桑拿可能造成不育。精子必须在相对低温下才能正常发育。一般桑拿浴室温可达 40℃以上，会严重影响精子的生长发育，导致弱精、死精等。因此，对于想要宝宝的男性，不要经常洗桑拿。

最好不要使用电热毯

精子对高温环境非常敏感。一般条件下，阴囊温度应比体温低 0.5~1℃。位于阴囊中的睾丸和附睾的温度也要低于体温，这是保证精子生成和成熟的重要条件之一。

男性如果经常用电热毯，处于高温环境中，可能会使阴囊、睾丸和附睾的温度升高，从而影响精子的生成和成熟。因此，备孕备育的男性不宜长期使用电热毯。

经常趴着睡不利于生育

趴着睡觉时，会压迫阴囊，阴囊受到压迫后会刺激阴茎，进而导致遗精的频率大幅增加。频繁遗精会给身体造成伤害。此外，趴着睡觉时，阴囊在一个温度较高的环境下，会对精子的生成造成不利的影响。因此，为了生育，最好不要趴着睡觉。

第五章

厨房小家电 快手做美味

洋葱芹菜菠萝汁 ⁙降脂控压

材料 ⁙ 芹菜、菠萝各150克，洋葱100克。

调料 ⁙ 蜂蜜适量。

做法 ⁙

1 菠萝、洋葱分别洗净，去皮，切丁；芹菜洗净，切段。

2 将备好的材料放入榨汁机中，加少量饮用水打汁。

3 加入蜂蜜搅拌均匀即可。

功效 ⁙ 这款蔬果汁富含膳食纤维、钾、维生素C，适合高血压、血脂异常的备孕男女食用。

番茄苹果菠萝汁 ⁙利尿抗癌

材料 ⁙ 菠萝、番茄各150克，苹果100克。

调料 ⁙ 柠檬汁、盐各适量。

做法 ⁙

1 菠萝洗净，去皮，切块，放入盐水中浸泡15分钟；苹果洗净，去核，切块。

2 番茄洗净，在表面切一个小口，用沸水烫一下，去皮，切小块。

3 将处理好的菠萝块、苹果块、番茄块倒入榨汁机中榨汁，加入柠檬汁拌匀即可。

芝士橙香奶盖 ⁙消除疲劳

材料 ⁙ 橙子150克，酸奶100克，淡奶油、冰块各50克，奶酪（芝士）、牛奶各20克。

调料 ⁙ 白糖适量。

做法 ⁙

1 橙子洗净，去皮除子，切小块；冰块倒入空杯中备用。

2 将淡奶油、牛奶、奶酪、白糖放入盆中，打发成细腻奶泡状，即为奶盖。

3 将橙子块放入榨汁机中，加入适量饮用水搅打均匀，倒入放冰块的杯中，再倒入酸奶，加入奶盖即可。

功效 ⁙ 橙子搭配酸奶饮用，能补充维生素C和蛋白质，有助于消除疲劳、抗老化。

菠萝芒橘冰沙 ⁙美白淡斑

材料 ⁙ 菠萝、芒果各100克，橘子、碎冰各50克。

调料 ⁙ 盐适量。

做法 ⁙

1 菠萝去皮，切小块，放入淡盐水中浸泡15分钟，捞出；芒果洗净，去皮除核，留果肉；橘子去皮，分瓣，除子，切块。

2 将上述食材及碎冰放入榨汁机中，加入适量饮用水搅打均匀，倒入杯中即可。

功效 ⁙ 这款冰沙用菠萝、芒果、橘子三者搭配，富含维生素C、胡萝卜素等，有助于提亮肤色、美白淡斑。

豆浆机美食

牛奶核桃露 ⁙补钙，保护血管

材料 ⁙ 核桃仁100克，牛奶500克。

做法 ⁙

1 核桃仁洗净，放入碗中加清水浸泡。

2 将泡好的核桃仁放入豆浆机中，倒入牛奶后按下“果汁”键，豆浆机提示做好即可。

功效 ⁙ 牛奶含优质蛋白质、钙；核桃含有维生素E、锌，可软化血管。

山楂糙米糊 ⁙减肥消脂

材料 ⁙ 糙米40克，大米30克，山楂20克。

做法 ⁙

1 糙米、大米洗净，浸泡4小时；山楂洗净，去核。

2 将上述食材一同倒入全自动豆浆机中，加水至上下水位线之间，按下“五谷”键，煮至豆浆机提示做好即可。

功效 ⁙ 糙米含膳食纤维、B族维生素，能促进体内脂肪代谢；山楂含维生素C、黄酮类物质等，可降低血清胆固醇浓度。二者搭配食用，能帮助备孕男女降血脂，有利于血管健康。

紫薯芋头糊　　⁙预防便秘

材料 ⁙ 紫薯150克，芋头200克。

做法 ⁙

1 紫薯洗净，去皮，切块；芋头洗净，去皮，切片。
2 将上述食材一起放入豆浆机中，加适量水，按下“米糊”键，煮至豆浆机提示做好即可。

功效 ⁙ 紫薯和芋头含有膳食纤维、B族维生素、钾、维生素C等，可以预防便秘。

黑芝麻核桃豆浆　　⁙降压控糖

材料 ⁙ 黄豆50克，核桃仁10克，熟黑芝麻5克。

做法 ⁙

1 黄豆浸泡8～12小时，洗净；黑芝麻碾碎；核桃仁切小块。
2 将黄豆、黑芝麻和核桃仁块倒入全自动豆浆机中，加水至上下水位之间，按下“豆浆”键，煮至豆浆机提示做好即可。

功效 ⁙ 黑芝麻和核桃均富含维生素E、B族维生素，黄豆富含钙、大豆异黄酮，三者搭配打豆浆有助于降压控糖。

西蓝花豆浆

⁑预防便秘

材料 ⁑ 西蓝花200克，黄豆50克。

调料 ⁑ 冰糖5克。

做法 ⁑

1 西蓝花洗净，掰小朵，焯熟，凉凉；黄豆用清水浸泡10~12小时，洗净。

2 将西蓝花、黄豆放入豆浆机中，加水至上下水位线之间，按下“五谷”键，煮至豆浆机提示做好，调入冰糖即可。

功效 ⁑ 富含维生素C的西蓝花，搭配富含大豆异黄酮的黄豆，可以为备孕女性补充营养，还可预防便秘。

绿豆苦瓜豆浆

⁑调脂降压

材料 ⁑ 黄豆50克，绿豆15克，苦瓜60克。

调料 ⁑ 冰糖5克。

做法 ⁑

1 黄豆用清水浸泡10~12小时，洗净；绿豆用清水浸泡2小时，洗净；苦瓜洗净，去瓤，切丁。

2 将上述食材放入豆浆机中，加适量水，按下“豆浆”键，煮至豆浆机提示做好，调入冰糖即可。

功效 ⁑ 这款豆浆由黄豆、绿豆和苦瓜组成，富含B族维生素、钾等，可清胃火，有助于调脂降压。

鲜榨橙汁

※美容养颜

材料 ※ 橙子250克，冰块适量。

调料 ※ 柠檬汁适量。

做法 ※

1 橙子洗净，去皮除子，切块。

2 将切好的橙子、冰块放入豆浆机中，加入适量水，按下“果汁”键，豆浆机提示做好。

3 加柠檬汁即可。

功效 ※ 此款果汁富含维生素C，能够淡化色斑和细纹，有助于提高皮肤的抗氧化能力。

胡萝卜荠菜白菜汁

※养护肝脏

材料 ※ 胡萝卜100克，白菜心80克，荠菜50克。

做法 ※

1 胡萝卜洗净，切丁；白菜心洗净，切片；荠菜洗净，切段。

2 将上述食材放入豆浆机中，加入适量饮用水，按下“果汁”键，豆浆机提示做好即可。

功效 ※ 胡萝卜富含胡萝卜素，搭配荠菜、白菜榨汁，可以增强肝功能。

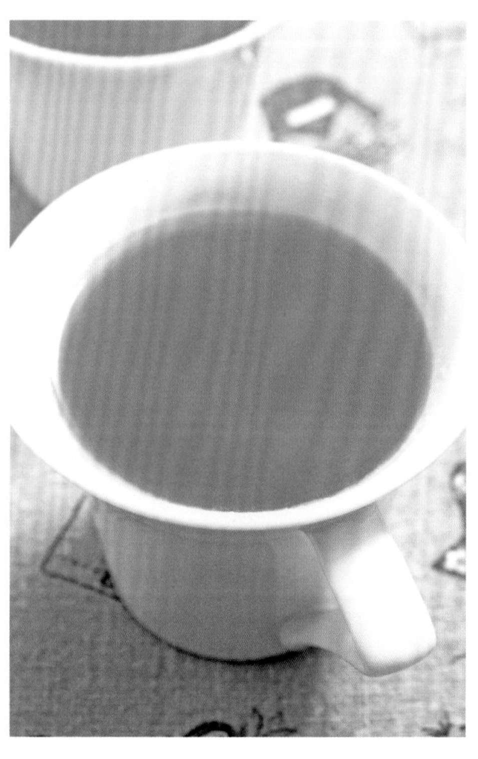

鸡胸肉三明治

※益气补血

材料 ※ 吐司 2 片，鸡胸肉 100 克，鸡蛋 1 个，番茄 100 克，生菜、酸奶各适量。

调料 ※ 盐适量。

做法 ※

1 鸡胸肉洗净，切片，加盐腌制 15 分钟备用；生菜洗净；番茄洗净，切片。

2 早餐机预热后倒一点油，放入腌制好的鸡胸肉，两面煎熟，取出，接着再煎鸡蛋。

3 把生菜铺在吐司上，抹上酸奶，盖上煎好的鸡胸肉，再放上切好的番茄片，接着放煎蛋，盖上吐司，对半切开即可。

香煎鸡翅

※补充体力

材料 ※ 鸡翅250克。

调料 ※ 姜丝6克，生抽、老抽、蚝油各5克，盐1克。

做法 ※

1 将鸡翅放入清水中浸泡半小时，洗净后用厨房用纸擦干表面水分，在鸡翅正反面划几刀以便入味。

2 鸡翅中加入姜丝、盐、生抽、老抽、蚝油搅拌均匀。

3 早餐机煎锅热油，放入腌制好的鸡翅，煎至两面金黄即可。

功效 ※ 鸡翅含有丰富的蛋白质、烟酸等，适量食用有助于补充体力。

奶酪玉米烙

⁙健脑，补钙

材料 ⁙ 鸡蛋1个，熟玉米粒200克，玉米淀粉、马拉里苏奶酪各30克，牛奶、黑芝麻各适量。

做法 ⁙

1 玉米粒洗净，放入碗中备用。

2 碗里加入玉米淀粉和适量牛奶，打入鸡蛋，加入其他食材搅拌成糊。

3 把面糊装盘，入早餐机烤 3 分钟即可。

功效 ⁙ 鸡蛋、玉米、牛奶和黑芝麻搭配，不仅营养丰富，而且口感好，有健脑、补钙的效果。

黑米红枣粥

⁙滋阴补肾

材料 ⁙ 黑米80克，红枣30克，枸杞子20克。

调料 ⁙ 白糖适量。

做法 ⁙

1 黑米洗净，提前一晚浸泡；红枣、枸杞子洗净备用。

2 锅置早餐机上，倒入适量清水煮沸，放入黑米继续煮沸后，加入红枣，煮 30 分钟至黏稠时，加入枸杞子继续煮 5 分钟，用白糖调味即可。

功效 ⁙ 黑米和红枣一起煮粥，不但味道香浓，还有助于滋阴补肾、改善腰腿酸软等。

香蕉桃仁糕

⁘补充体力

材料 ⁘ 面粉180克，香蕉50克，鸡蛋1个，酵母粉3克，核桃仁碎20克。

调料 ⁘ 白糖少许。

做法 ⁘

1 香蕉去皮，切片；鸡蛋打散备用。

2 盆中加植物油、白糖、面粉、酵母粉、核桃仁碎、鸡蛋液、香蕉片搅拌成糊状。

3 电饼铛预热，放少量油，将面糊摊成圆饼，煎6~8分钟，改刀装盘即可。

功效 ⁘ 这道主食富含蛋白质、维生素E、钾、镁等，有助于补充体力。

韭菜盒子

⁘养肾益精

材料 ⁘ 韭菜150克，鸡蛋2个，面粉200克。

调料 ⁘ 盐2克，胡椒粉少许。

做法 ⁘

1 鸡蛋打散，炒成块，盛出；韭菜洗净，切末。将韭菜末、鸡蛋块、盐、胡椒粉拌匀制成馅料。

2 面粉加入温水制成面团，醒20分钟，揉好搓条，下剂子，擀成皮，包入馅料，做成半月形生坯。

3 电饼铛预热，锅底刷一层植物油，下入生坯，烙到底部金黄，翻面，烙至两面金黄即可。

功效 ⁘ 韭菜含有膳食纤维、钙、维生素C、钾等营养成分，有助于促进食欲、养肾益精。

胡萝卜馅饼 ⁙补虚护肝

材料 ⁙ 面粉、胡萝卜各200克，猪瘦肉100克。

调料 ⁙ 盐2克，葱末15克，生抽、十三香、香油各适量。

做法 ⁙

1 猪瘦肉洗净，切丁；胡萝卜洗净，切末。

2 将猪肉丁、胡萝卜末放碗中，加盐、生抽、十三香、香油、葱末和适量清水搅拌均匀，即为馅料。

3 面粉加盐、温水和成面团，分成剂子，擀薄，包入馅料后压平，即为生坯。

4 电饼铛底部刷一层油，放入生坯，盖上盖，煎至两面金黄即可。

功效 ⁙ 胡萝卜含胡萝卜素；猪瘦肉含铁、钙、蛋白质等。二者搭配可补虚护肝。

山药饼 ⁙调脂控压

材料 ⁙ 山药300克，面粉100克。

调料 ⁙ 盐2克。

做法 ⁙

1 山药洗净，去皮，切段，入蒸锅蒸熟，取出凉凉，压成泥，加面粉、盐搅匀。

2 电饼铛预热后倒油，倒入山药泥，盖好盖，煎至两面熟透，切小块即可。

功效 ⁙ 山药饼口感甜咸，富含膳食纤维、钾等，有助于调脂控压。

电烤箱美食

香烤牛排

调养气血

材料 牛排、西蓝花各200克，豌豆、胡萝卜丁、洋葱片各30克。

调料 蒜蓉10克，盐、黑胡椒碎、酱油各适量。

做法

1 牛排洗净，加酱油、黑胡椒碎、盐腌渍一夜，包锡纸中；西蓝花洗净，掰朵。

2 豌豆、胡萝卜丁、洋葱片加酱油、盐炒熟；西蓝花加蒜蓉、盐炒熟。

3 将牛排放入烤箱中，温度设置在350℃烤30分钟，至熟，放入盘中，加入炒熟的菜即可。

香菇烤肉

滋阴补血

材料 鲜香菇、猪瘦肉各100克，鲜虾80克。

调料 姜末20克，盐2克，料酒10克，黑胡椒碎适量。

做法

1 香菇去蒂，洗净，在表面划几刀，香菇蒂剁碎备用。

2 鲜虾去虾壳、虾线，和香菇碎、猪瘦肉一起剁成蓉，加盐、料酒、姜末调味制成馅。

3 将肉馅装入香菇伞中，压平固定。

4 烤箱预热至200℃，将填好肉馅的香菇面朝上放在铺好锡纸的烤盘上，烤20分钟，出炉，撒黑胡椒碎即可。

功效 香菇、猪瘦肉和虾营养丰富，搭配食用有滋阴补血的效果。

糯米鸡肉卷

⁙益气补虚

材料 ⁙ 鸡腿2只，糯米50克，胡萝卜70克。

调料 ⁙ 盐2克，酱油、白糖各10克，胡椒粉、五香粉各1克。

做法 ⁙

1 糯米洗净，浸泡30分钟，蒸成糯米饭；胡萝卜洗净，切丝。

2 取小奶锅，加酱油、白糖、五香粉、胡萝卜丝和清水煮开，熄火，加入糯米饭搅匀。

3 鸡腿去骨，用肉锤拍打，放大盘中，撒入少许盐和胡椒粉腌渍20分钟，铺上搅拌好的饭，卷成筒状。

4 取一张锡纸，放上鸡腿卷，两头卷紧捏成糖果状。烤箱预热至200℃，将鸡肉卷放入烤箱烤20分钟左右即可。

孜然羊肉串

⁙暖胃补肾

材料 ⁙ 羊肉250克。

调料 ⁙ 孜然粉适量，料酒15克，蒜蓉10克，盐2克。

做法 ⁙

1 羊肉洗净，沥干水分，改刀成易入口的片状，放入盘内，加入盐、料酒、蒜蓉腌制30分钟。

2 用竹扦将羊肉片穿起来，在羊肉片上擦满孜然粉。

3 烤盘内铺上锡纸，将羊肉串放在烤盘内。

4 将烤盘推入预热至200℃的烤箱内，烤制15分钟。烤至8分钟时，取出翻一次面即可。

功效 ⁙ 羊肉富含蛋白质、铁、锌等，容易消化，可帮助备孕男女暖胃补肾。

黑椒烤虾 ⁙保护心血管

材料 ⁙ 大虾250克。

调料 ⁙ 盐少许，料酒10克，黑胡椒粉、姜粉、生抽各5克。

1 将竹扦放在清水里浸泡 30 分钟。
2 大虾洗净，剪去虾脚，挑去虾线，放入调盆内，加入盐、料酒、姜粉、生抽及黑胡椒粉，搅拌均匀腌制 20 分钟。
3 烤箱预热至 200℃，虾刷少量油后放入。
4 烤 8～10 分钟时，中间翻面，并刷一次腌料汁，再烤 3～5 分钟即可。

功效 ⁙ 大虾含有丰富的蛋白质、钾、镁，低脂、低热量，能保护心血管系统。

嫩烤牛肉杏鲍菇 ⁙补铁补血

材料 ⁙ 牛肉馅150克，杏鲍菇120克，生菜50克。

调料 ⁙ 盐、黑胡椒碎各少许，迷迭香2克，橄榄油6克。

做法 ⁙

1 杏鲍菇洗净，切片；生菜洗净；牛肉馅加盐和黑胡椒碎拌匀备用。
2 烤箱预热至 200℃，烤盘内铺入锡纸，刷上橄榄油。
3 杏鲍菇片和牛肉馅拌匀后放在烤盘内，撒上迷迭香，烤 10 分钟后放在生菜叶上即可。

功效 ⁙ 牛肉蛋白质含量高，脂肪含量低，富含锌、B族维生素、铁等，能补铁补血。

奶油烤玉米

⁙补钙，通便

材料 ⁙ 玉米2根（小），鲜奶油20克。

调料 ⁙ 黄油、蜂蜜各10克。

1 玉米去皮洗净，放入蒸锅中，隔水蒸 8～10 分钟后取出，凉凉。

2 蜂蜜加少许清水调匀成蜂蜜水备用。

3 在玉米表面均刷上蜂蜜水，风干 2 分钟后再均匀刷上鲜奶油。

4 烤箱预热至 200℃，放入玉米烤 10 分钟，取出刷黄油，再刷一层蜂蜜水，翻面继续烤 10 分钟即可。

功效 ⁙ 玉米含丰富的不饱和脂肪酸、膳食纤维等，鲜奶油富含钙、蛋白质等，搭配食用促进食欲，补钙又通便。

烤苹果干

⁙通便，促食

材料 ⁙ 苹果300克。

调料 ⁙ 盐少许。

做法 ⁙

1 苹果洗净沥干，切成厚度为 2 ～ 3 毫米的片，放入淡盐水中浸泡，防止氧化。

2 苹果片用厨房用纸吸去水分。

3 烤箱预热至 200℃，放入苹果片烤 30 分钟，中间翻转几次即可。

功效 ⁙ 苹果营养丰富，适量食用有促进食欲、润肠通便的作用。

小鸡炖蘑菇

⁙增强免疫力

材料 ⁙ 鸡肉200克，榛蘑100克。

调料 ⁙ 葱末、姜片各10克，大料、白糖各3克，酱油、料酒各10克，盐2克。

做法 ⁙

1. 鸡肉洗净，切小块；榛蘑去杂质和根部，用温水泡30分钟，捞出，浸泡榛蘑的水过滤杂质留用。
2. 锅中油烧至六成热，放入鸡块翻炒至变色，放入葱末、姜片、大料炒出香味，加入榛蘑炒匀，加入酱油、白糖、料酒炒匀，加入浸泡过榛蘑的水烧开。
3. 将鸡肉蘑菇倒入炖锅内炖1小时至鸡肉酥烂、汤汁收浓，加盐调味即可。

番茄炖牛腩

⁙补血，开胃

材料 ⁙ 牛腩200克，番茄100克。

调料 ⁙ 葱花、姜片各10克，桂皮、大料各3克，盐、老抽、料酒各少许。

做法 ⁙

1. 牛腩洗净，切大块；番茄洗净，切块。
2. 锅中油烧至七成热，爆香葱花、姜片、桂皮、大料，加入牛腩块翻炒，调入老抽、料酒炒匀。
3. 电炖锅加适量清水煮开，倒入炒好的牛肉，撇去浮沫，小火炖1小时，加入番茄块煮至熟透，加盐调味即可。

功效 ⁙ 牛腩富含铁、锌、蛋白质，番茄含有胡萝卜素和维生素C等，搭配食用开胃、补血。

银耳排骨汤

⁙滋阴养颜

材料 ⁙ 猪排骨200克，干银耳5克，木瓜100克。

调料 ⁙ 盐3克，葱段、姜片各适量。

做法 ⁙

1 银耳泡发，洗净，撕小朵；木瓜去皮除子，切滚刀块；猪排骨洗净，切段，焯水备用。

2 电炖锅中加清水，放入排骨段、葱段、姜片和银耳，按下“焖炖”键，煲炖2小时。

3 加入木瓜块，再炖20分钟，调入盐即可。

功效 ⁙ 猪肉含丰富的蛋白质和铁，可补血养血；银耳富含天然胶质，可滋阴润肤；木瓜可健脾消食。搭配炖汤有滋阴养颜的作用。

海带排骨汤

⁙补碘，预防贫血

材料 ⁙ 猪排骨300克，水发海带100克，莲藕80克。

调料 ⁙ 葱段20克，姜片10克，盐3克，料酒、香油各适量。

做法 ⁙

1 海带洗净，蒸约半小时，取出，切成长方块；排骨洗净，横剁成段，焯水后捞出，用温水洗净；莲藕去皮，洗净，切块。

2 在电炖锅内加入适量水，放入排骨段、莲藕块、葱段、姜片、料酒，按下“焖炖”键，煲炖1小时，倒入海带块，再炖10分钟，加盐调味，淋入香油即可。

功效 ⁙ 海带中含有较多的碘，猪排骨中的铁含量较高，二者搭配可以补碘，预防缺铁性贫血。

香橙烤鸭胸

养胃补肾

材料 鸭胸肉200克，橙子1个，柠檬2片。

调料 盐、白糖各3克，五香粉、蚝油各5克，料酒、烤肉酱、姜末、蒜蓉各10克。

做法

1. 鸭胸肉洗净后拍松，放入调盆内，加入盐、五香粉、料酒、蚝油、白糖、蒜蓉、姜末，挤入柠檬汁，抓匀后腌制 15 分钟。
2. 鸭胸肉放盘中，刷一层油和烤肉酱，覆上保鲜膜，戳几个透气孔。
3. 将鸭胸肉放入微波炉里加热 10 分钟，取出凉凉后切片。
4. 橙子洗净，切片，夹在鸭胸肉之间，刷上烤肉酱，再用微波炉加热 2 分钟即可。

蒜香烤菜花

促食，通便

材料 菜花300克，面包屑25克。

调料 盐3克，黑胡椒碎少许，黄油5克，蒜蓉10克。

做法

1. 黄油放入调盆内，加入盐、黑胡椒碎、蒜蓉搅拌均匀；菜花洗净，去柄，切小朵，放入淡盐水中浸泡 15 分钟，沥干备用。
2. 菜花放入调盆内与黄油等调料拌匀，装盘，覆上保鲜膜封好。
3. 将菜花放进微波炉内，用高火加热 10 分钟。取出，加入面包屑后拌匀，再加热 5 分钟即可。

功效 菜花富含维生素K、膳食纤维，具有抗氧化、促进食欲、通便的作用。

微波茄汁冬瓜

※减肥瘦身

材料 ※ 冬瓜300克，番茄50克。

调料 ※ 盐2克，姜丝5克。

做法 ※

1 将盐加纯净水对成味汁。

2 冬瓜洗净，去皮除子，切片；番茄洗净，去皮，切片。

3 冬瓜片放在微波器皿中，撒姜丝，在冬瓜片缝隙间摆好番茄片，加味汁，覆保鲜膜，扎小孔，高火加热10～12分钟即可。

功效 ※ 这道菜不用加油类，减少了菜肴中的油脂量，适合肥胖的备孕男女食用。

微波蜜汁排骨

※滋阴补肾

材料 ※ 猪小排300克。

调料 ※ 蜂蜜20克，酱油10克，盐适量。

做法 ※

1 猪小排洗净，切小段，加盐、酱油腌渍15分钟，敷保鲜膜，用牙签扎几个小洞。

2 将排骨上抹匀蜂蜜，放入微波炉中，中高火加热8分钟，取出，逐个翻面，再用中高火加热5分钟即可。

功效 ※ 猪小排富含蛋白质、锌、铁、烟酸等营养，有助于滋阴补肾。

专题 学点助孕法，提高受孕率

子宫前位的同房方式

对于子宫前位的女性来说，合适的同房方式是男方俯卧在女方身体上，面对面进行。为了增加受孕机会，同房后女方可在臀下垫个枕头，使骨盆向上方倾斜，这样子宫颈就正好浸在精液池中，保持该姿势 1 小时即可。

子宫后位的同房方式

对于子宫后位的女性来讲，同房方式可采用后入式，即男方从女方的后方进入。同房后女方可采用俯卧式，在腹部下垫个枕头，保持该姿势 1 小时即可。

无论是子宫前位还是子宫后位，同房姿势都不宜采用骑乘式和坐姿，否则，容易造成射精后精液外流，有碍受孕。

一次完美的性爱能提高命中率

同房时，如果夫妻双方均处于最佳状态，即男女双方的体力和性欲都处在高潮，即为最佳受孕时机，有利于优生优育。

在性和谐中射精，精子的活力旺盛，精液中的营养物质和能量充足，能促使精子及早与卵子结合。女性在达到性兴奋时，阴道酸碱度会发生变化，有利于精子向子宫游动，成功与卵子结合。所以，夫妻双方应注意性生活的质量，争取在同时进入性高潮时受孕。

附录 掌握备孕时间表，为孕育宝宝做准备

按照优生优育原则，夫妻应在受孕的前6个月就开始有所准备，力求让最健康、最有活力的精子和卵子在天时地利人和时结合，让孕育的宝宝充分体现父母的优良基因。

准备受孕前6个月

项目

1. 如果确定要孩子，建议备孕夫妻一起去医院做孕前检查和咨询。
2. 如果备孕夫妻的体重超过或低于标准体重，应该调整饮食，争取将体重调整到标准体重后再怀孕。
3. 长期采用药物避孕的女性，要在停药6个月后再受孕。

备注

想要一个健康的宝宝，父母的身体状态起决定性影响。早日做好准备，调理好身体，是怀上宝宝的重要条件。专业的孕前检查是必要的，备孕夫妻应有孕检的意识，平时养成良好的生活习惯。

准备受孕前5个月

项目

如果家中有宠物猫，最好进行弓形虫的检查，避免接触宠物的排泄物。

备注

猫容易感染弓形虫病，并且能够传染给人。女性怀孕期间感染弓形虫病，会导致胎儿畸形，且病死率高。可以去医院做一下TORCH检查（优生五项检查），若结果显示已感染过弓形虫，可以不用担心，因为主人体内已经产生了抗体；如果显示从未感染过，则表明没有免疫力，那就要在整个备孕、怀孕期间注意喂养宠物的方式和自己的卫生情况；如果显示感染中，暂时不能怀孕；如果在怀孕3个月内，女主人的TORCH检验显示感染了弓形虫，要咨询医生进行确诊试验及相关的产前诊断。

准备受孕前4个月

项目

1. 从这个月开始，积极进行体育运动，如跑步、游泳、瑜伽等。适当的锻炼有助于提高身体素质，确保精子和卵子的质量。
2. 备孕夫妻要戒烟戒酒。

备注

适当的体育锻炼是非常必要的，并且要注意坚持。同时要尽早改掉不良饮食、生活习惯，不要沉迷于烟酒，不要经常熬夜等。

准备受孕前3个月

项目

1. 备孕夫妻双方都要慎用药物，包括不使用含雌激素的护肤品；从事有毒有害职业（如放射环境等）的夫妻，尤其是女性一定要暂时离开。

2. 积极进食富含叶酸、锌、铁、钙的食物，备孕女性和男性每天还要按时服叶酸制剂。

3. 夫妻双方都应合理摄入瘦肉、蛋类、奶及奶制品、鱼虾、大豆及其制品、新鲜蔬果。男性可以多吃鳝鱼、牡蛎、韭菜等。

备注

慎用药物是必须的，因为“是药三分毒”，为了能拥有一个最佳的孕育环境，备孕夫妻都要注意。备孕夫妻可以从饮食上来补充身体所缺的营养素，以提高免疫力。

准备受孕前2个月

项目

备孕夫妻双方坚持每天运动30分钟。

备注

运动是让身体强壮的最好方法，且贵在坚持。

准备受孕前1个月

项目

1. 夫妻双方坚持每天运动30分钟，增强免疫力，避免感冒。

2. 丈夫协助妻子测定排卵期。采用测定基础体温、观察阴道黏液变化等方法，综合分析，获得准确的排卵日。

备注

要想早日受孕，女性就要准确知道自己的排卵期。

受孕

项目

在心情愉悦、无压力的状态下受孕。

备注

受孕时，心情和身体状态都要调至最佳状态，虽说造人不是件容易的事儿，但也别过于紧张。而且，受孕也不是一次必成的事儿，放松的身心更利于受孕。